知識ゼロからの

Webアプリ開発

Absolute
Beginner's Guide to
**Ruby on
Rails**

入門

町田耕 ［著］
TechAcademy ［監修］

技術評論社

　本書を手に取っていただき、ありがとうございます。本書は、これからWebアプリケーション開発を始めてみようと思う人を対象としたRuby on Railsの入門書です。

　本書の対象読者はまだプログラミングをやったことがない人を想定しているので、ほかのプログラミング言語を学んだ人、ほかの書籍やネット上で学習した人、プログラミングスクールでひととおり学習された人には本書はお勧めしません。また、HTMLやCSSに関しては多少なりとも知っていることを前提としているので、HTMLやCSSに関してもまったく知らない人はネット検索などで多少の知識を身に着けておくと、読み進めやすくなります。

　本書の概要は以下のとおりです。

　第1章では、まず実行環境としてAWS Cloud9の登録方法を記載しています。環境構築は初学者にはハードルが高いので、本書では環境構築は行わず、統合開発環境（IDE）として「Cloud9」を使用しています。また、プログラミング言語「Ruby」について簡単に説明しています。

　第2章では、Ruby on Railsの第一歩として、実際に手を動かしてみます。Webサーバーを動かして、ブラウザ上にどのように表示されるのかを体感することを目的としています。

　第3章では、Webアプリケーションの仕組みの概要を説明しています。WebアプリケーションとはどういったものなのかFrom、ユーザーからWebアプリケーションへアクセスがあった場合に、どのような流れでWebアプリケーションは動くのかなどの説明をしています。さらに、ドメインやIPアドレスについても簡単に紹介しています。

第4章では、ユーザーがWebアプリケーションを操作するにあたり、ユーザーが投稿したデータなどが保管されるデータベースについて、その役割とWebアプリケーションとの関わりを説明しています。

　第5章では、本格的にWebアプリケーションを開発する際、ユーザーがデータを投稿してそのデータを表示する流れを、手を動かして実装してみます。Webサーバーを動かして、実際にWebブラウザ上から入力して、それが正常に表示されることを確認してみます。

　おおまかにはこのような流れですが、本来であれば、これではまだまだ不十分です。しかし、本書はとりあえずRuby on Railsを触ってみたいという人を対象とした初心者向けの書籍であり、実装したコードで実際に動くことを体感するのを目的としています。そのため、ユーザーの投稿したデータを編集・更新したり、削除したりする機能は割愛しています。

　Ruby on Railsは、Webアプリケーションを開発するフレームワークとして現場でも広く使われています。初学者にはやや難解な部分もあり、初めてプログラミングを学ぶ人は戸惑うことも多々あるかと思いますが、なるべく平易な言葉と図を多用することによって本書は説明しています。

　Ruby on Railsはその名のとおり、プログラミング言語にRubyを使用していますが、本書ではRuby on RailsにおけるWebアプリケーション開発を重視しているため、「Ruby」というプログラミング言語に関してはそれほど説明はしておりません。興味のある人はほかの書籍など読んでみたり、インターネットで検索して調べてみるとよいでしょう。

　プログラミングは、実装してみて動いたときの喜びの感覚がなんともいえません。ぜひ、本書を通じてこの感覚を味わっていただければ幸いです。

　　　　　　　　　　　　　　　　　　　　　　　　　　町田　耕

CONTENTS

CHAPTER 1 はじめてのRubyプログラムを書いてみよう

CHAPTER 2 Ruby onRailsで作る！ はじめてのWebアプリケーション

CHAPTER
3

Webアプリケーションの仕組みを知ろう

CHAPTER
4

Webアプリケーションの基本構造を理解しよう

CHAPTER
5 | **本格的なWebアプリケーションを作成しよう**

あなたの**疑問**に
現役エンジニアが**答えます!**

本書についてわからないことがあったら、チャットで質問してみましょう。

TechAcademyのメンターを務める現役エンジニアが、24時間以内に回答します。

わからないことはそのままにせず、学習を続けてください!

なお、本サポートは**2021年7月17日まで期間限定**のサービスとなっています。

◆ ご利用方法

1 「https://techacademy.jp/gihyo-rails-training」にアクセスして、ユーザー名「techacademy」、パスワード「ane75j6u」を入力しログインしてください

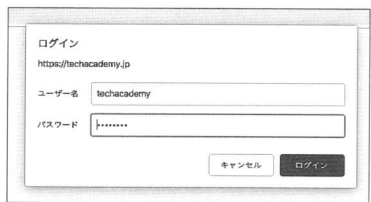

2 申し込みフォームに必要事項を記入し、「申し込む」をクリックしてください

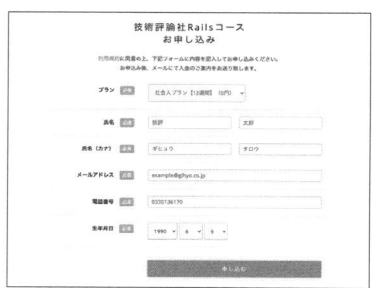

3 2で入力したメールアドレスに送付されたURLとログイン情報を使って、TechAcademyの学習システムにログインしてください

4 アンケートにお答えいただいたうえで、案内に従って質問のための事前準備を進めてください

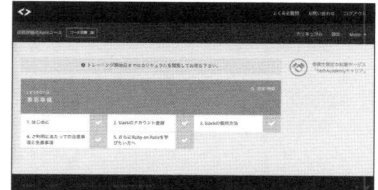

 さっそく現役エンジニアに質問しよう!

<> TECHACADEMY について

TechAcademyは、プログラミングやアプリ開発を学べるオンラインスクールです。現役のプロのサポートと独自の学習システムにより、短期間でスキルが習得できます。1人では続かない方のための短期集中プログラム「オンラインブートキャンプ」も開催中。600社、30,000名を超える教育実績あり（2019年3月時点）。

● ご利用にあたって
  ● 本サポートは期間限定のサービスとなっています。2021年7月17日以降は予告なくサポートを終了する
    可能性がございます
  ● 年末年始となる2020年12月28日から2021年1月3日まではサポート休止期間となります
  ● 書籍の内容を超えたご質問については回答いたしかねます
  ● PCや開発環境などはご自身で用意いただく必要があります。また、そのためのサポートはいたしかねます
  ● サポートを利用する権利を他者に譲渡することはできません
  ● ご自身で書籍の内容を実践のうえ、ご質問ください

● 免責事項
  下記の各条項に定める事項に起因または関連して生じた一切の損害について、株式会社技術評論社お
  よびキラメックス株式会社はいかなる賠償責任も負いません。
  1. 本サービスの利用に際し、満足な利用ができなかった場合（以下の状況を含みますが、これらに限定さ
     れません）
  2. 利用者がメンターに行った質問に対し、利用者が希望する時間内にメンターによる回答が行われなかっ
     た場合
  3. 希望する特定のメンターのチャット指導が受けられなかった場合
  4. 書籍学習内容に直接関連しない質問等に対して、メンターによる指導や回答が受けられなかった場合
  5. 第三者による会員登録した情報への不正アクセス及び改変など
  6. 本サービスの学習効果や有効性、正確性、真実性等
  7. 本サービスに関連して当社が紹介・推奨する他社の教材等の効果及び有効性ならびに安全性及び正
     確性等
  8. 本サービスに関連して受信したファイル等が原因となりウィルス感染などの損害が発生した場合
  9. パスワード等の紛失または使用不能により本サービスが利用できなかった場合
  10. 本サービス上で提供するすべての情報、リンク先等の完全性、正確性、最新性、安全性等
  11. 本サービス上で利用した第三者のサービスの完全性、正確性、最新性、安全性等
  12. 利用者が作成したプログラムの有効性ならびに安全性及び正確性等
  13. 本サービスの利用に関して、利用者がサービスを利用したことまたは利用できなかったことに起因する
      一切の事由

Ruby on Railsのバージョン

　本書では、Ruby on Railsのバージョンは5.2.3を採用しています。本書の執筆時点での最新バージョンは、2019年8月にリリースされたRails6.0.0ですが、もし環境構築するとなると、インストールする手順が増えます。本書では、AWS Cloud9を使っているので、環境構築の必要はありません。

Rubyのバージョン

　本書執筆時点（2019年11月）のRubyの最新バージョンは2.6.5ですが、AWS Cloud9では2.6.3なので、2.6.3で進めていきます。

実行環境

　本書は以下の環境で動作を確認しています。
・macOS Sierra
・AWS Cloud 9

　本書は以下のバージョンで動作を確認しています。
・Rails5.2.3
・Rails6.0.0
・Ruby2.6.3
・Ruby2.6.4

はじめての Rubyプログラムを 書いてみよう

　プログラミングを始める前に、 プログラミングが実行できる環境作りが必要です。 しかし、 この環境作りはなかなか初学者にはハードルの高い作業で、 プログラミングを始める前に挫折してしまうこともあります。

　プログラミングの学習を始める前に挫折しないようにするには、 プログラミングの環境作りが不要な「統合開発環境（IDE）」を使うといいでしょう。 統合開発環境には何種類もありますが、 本書ではクラウド上で利用できる「AWS Cloud9」を採用し、 Rubyを使ったプログラミングを行います。 この章では、 手始めにデータを表示したり、 変数を使ったり、 条件によって実行するプログラムを変えたりなど、 実際にコードを書いて実行してみます。

Section 01 | Rubyとは何か

プログラミング言語とは何か

　コンピューターは、0と1で記述された機械語で記述されたプログラムを理解して、動作しています。しかし、この機械語は0と1だけでしか記述されていないので、人間が理解することはとても大変です。

　そこで登場したのがプログラミング言語です。

　プログラミング言語は、人間の理解しやすい言葉で記述できるので、機械語でプログラムを記述する場合と比べれば、難易度は雲泥の差です。

　プログラミング言語は、人間と機械語の橋渡し役を担っているのです。

オブジェクト指向としてのプログラミング言語

　本書を手に取った読者の中には、「オブジェクト指向」という言葉を聞いたことがある人もいるかもしれません。プログラミングの初学者が「オブジェクト指向」を理解するのはちょっと難しいかもしれませんが、とりあえずイメージだけでも把握できるように説明してみます。

　「オブジェクト指向」とは、まず「モノ」の概要を決めて、それから「モノ」を使う……といった流れでプログラミングをしていきます。

　たとえば、飛行機A、飛行機Bという「モノ」があるとします。飛行機Aも飛行機Bも「翼がある」「エンジンがある」など共通するところは多いでしょう。このような共通するところを先に設計し、その設計をもとに飛行機A、飛行機Bという「モノ」を作り出すという方法がオブジェクト指向だとイメージしてください。

　詳しくは、第4章で説明するので、今は難しく考えずにこの程度にとどめておきましょう。

Rubyとはどんなプログラミング言語か

　Rubyは、オブジェクト指向を最初から念頭において設計されたプログラミング言語で、日本人プログラマーである、まつもとゆきひろ氏（通称Matz）によって開発されました。1995年に初公開されて以来、数多くのプログラマーによって支持されているオブジェクト指向型の言語でもあります。たとえば、変数を宣言する必要はなく、変数の型も定義しないので、その柔軟性と直感的な書き方に多くのプログラマーが魅了されています。

　まつもとゆきひろ氏は「楽しくプログラミング」をすることを重視していますが、筆者も同じ考えを持つプログラマーの1人です。Rubyを学んで上達する秘訣は「楽しさ」かもしれませんね。ぜひ、読者のみなさんも「楽しく」Rubyを学んでいきましょう。

　ただし、本書ではRuby on Railsを中心に学習を進めていきますので、Rubyの文法についてはそれほど解説していません。Rubyをもっと学習したいと思う人は、ほかの書籍を読んだり、インターネットで検索して調べてみるとよいでしょう。

はじめてのRubyプログラムを書いてみよう

Section 02 統合環境「AWS Cloud9」を準備しよう

AWS Cloud9に登録する

これからRubyやRuby on Railsを学習するにあたって、自分のmacOSやWindowsにRubyやRuby on Railsが動く環境を設定しなければなりません。ただ、本書は初学者を対象としているので、環境構築を前提として学習を進めることは大きな負担になる可能性があります。

したがって、本書では「AWS Cloud9」というクラウド上の統合開発環境（IDE）を利用して進めていくことにします。

統合開発環境を使うと、
プログラミングを実行するために環境構築を
しなくてよいということですか？

そうなるね。統合開発環境を使えば、
手っ取り早くプログラミングを楽しむことができるよ

では、AWS Cloud9に登録してみましょう。以下のURLにブラウザでアクセスしてください。なお、AWS Cloud9は本書で解説している範囲なら無料で使用できますが、登録から1年を過ぎたり、本書の解説の範囲を超えたりすると、費用が発生することがあります。ご注意ください。

https://aws.amazon.com/jp/cloud9/getting-started/

　アクセスすると、図1-2-1が表示されるので、[AWSアカウントを作成する]をクリックします。

▼図1-2-1

　[AWSアカウントの作成]画面が表示されたら、メールアドレス、パスワードなどを入力して[続行]をクリックします（図1-2-2）。なお、[AWSアカウント名]は半角英数字で入力します。

▼図1-2-2

CHAPTER 1
CHAPTER 2
CHAPTER 3
CHAPTER 4
CHAPTER 5

はじめてのRubyプログラムを書いてみよう

［連絡先情報］画面では、［アカウントの種類］で［パーソナル］を選
択し、名前や住所を半角英数字で入力して［アカウントを作成して実行］
をクリックします（図1-2-3）。

▼図1-2-3

　[支払情報]画面では、クレジットカード番号などを入力して[検証して追加する]をクリックします（図1-2-4）。なお、本書で解説している範囲の操作では課金されません。

▼図1-2-4

CHAPTER 1

CHAPTER 2

CHAPTER 3

CHAPTER 4

CHAPTER 5

はじめてのRubyプログラムを書いてみよう

[本人確認] 画面では、SMSまたは電話による本人確認を行います（図1-2-5）。SMS受信または通話のできる電話番号を入力して［SMSを送信する］をクリックします。

▼図1-2-5

SMSまたは通話によって受け取った4桁の数字を入力し、［コードの検証］をクリックします（図1-2-6）。

▼図1-2-6

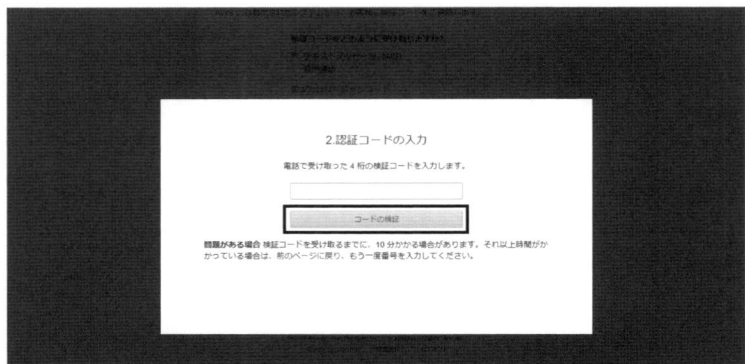

[本人確認が終了しました]と表示されれば、確認は成功です（図1-2-7）。[続行]をクリックします。

▼図1-2-7

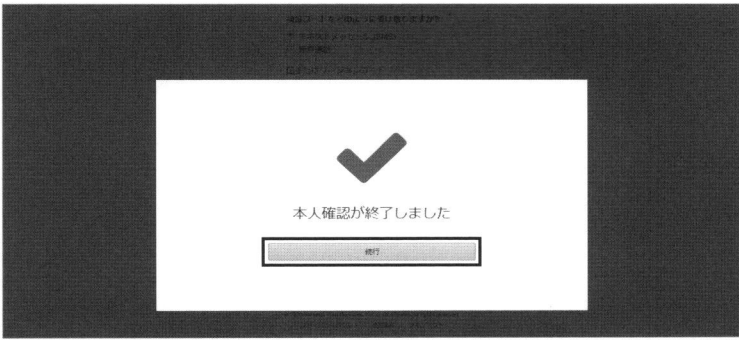

[サポートプランの選択]画面では、[ベーシックプラン]の下の[無料]をクリックします（図1-2-8）。

▼図1-2-8

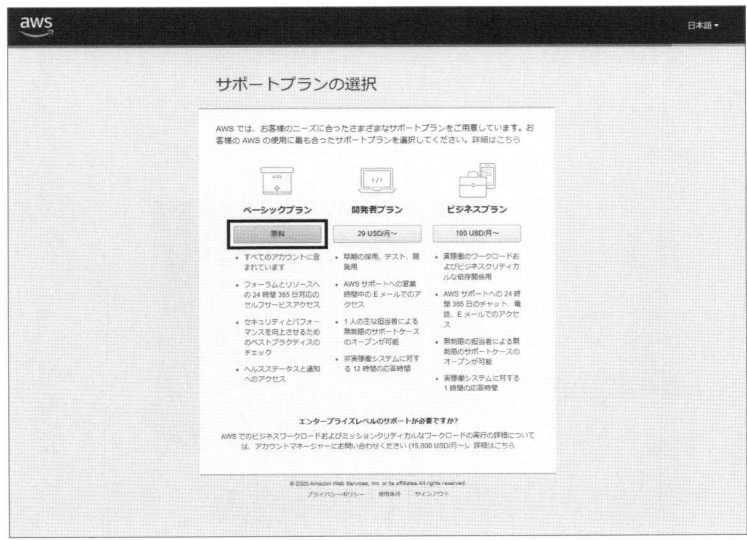

これでアカウント作成は完了です。引き続きワークスペースを作成します。[アマゾンウェブサービスへようこそ]画面で[コンソールにサインイン]をクリックします（図1-2-9）。

▼図1-2-9

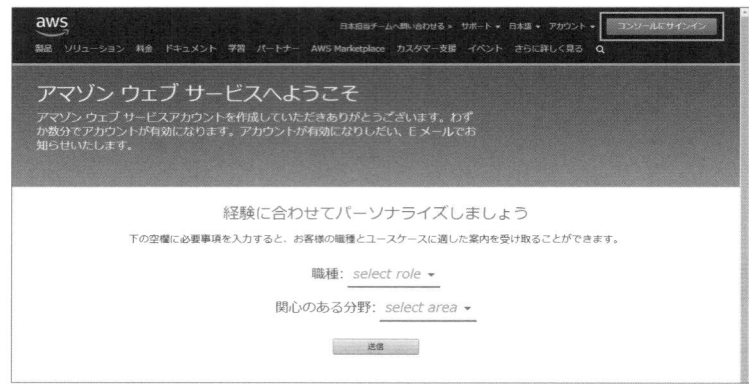

　[サインイン]画面で[ルートユーザー]を選択してメールアドレスを入力し、[次へ]をクリックします（図1-2-10）。次の画面でパスワードを入力すれば、サインインできます。

▼図1-2-10

　[AWSマネジメントコンソール] 画面が表示されたら、右上の地名（こ
こでは [オハイオ]）をクリックしてメニューから [アジアパシフィック
（東京）] を選択します（図1-2-11）。なお、ほかを選択してもかまいま
せん。

▼図1-2-11

　[AWSのサービス] の [サービスを検索する] に「cloud9」と入力し、
下に表示された候補から [Cloud9] を選択します（図1-2-12）。

▼図1-2-12

図1-2-13の画面が表示されたら、[Create environment] をクリックします。

▼図1-2-13

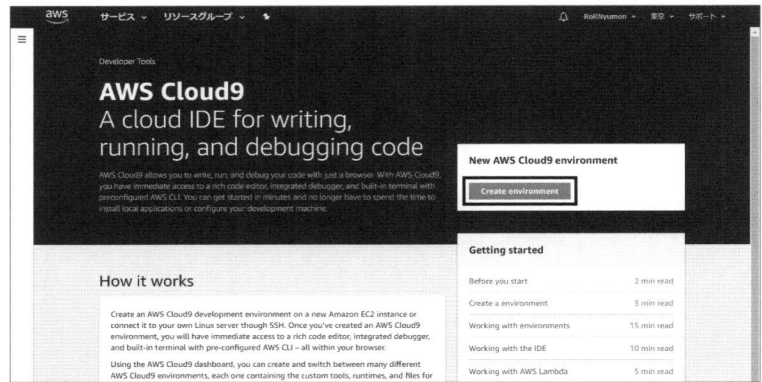

[Name environment] 画面が表示されたら、[Name] に任意の名前を入力して [Next step] をクリックします（図1-2-14）。ここでは名前を「Rails」としました。

▼図1-2-14

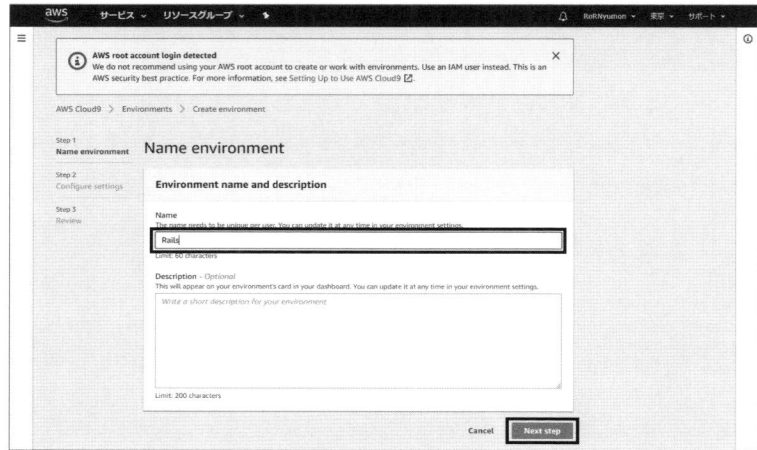

[Configure settings]画面が表示されたら、設定を変更せず、[Next step]をクリックします(図1-2-15)。

▼図1-2-15

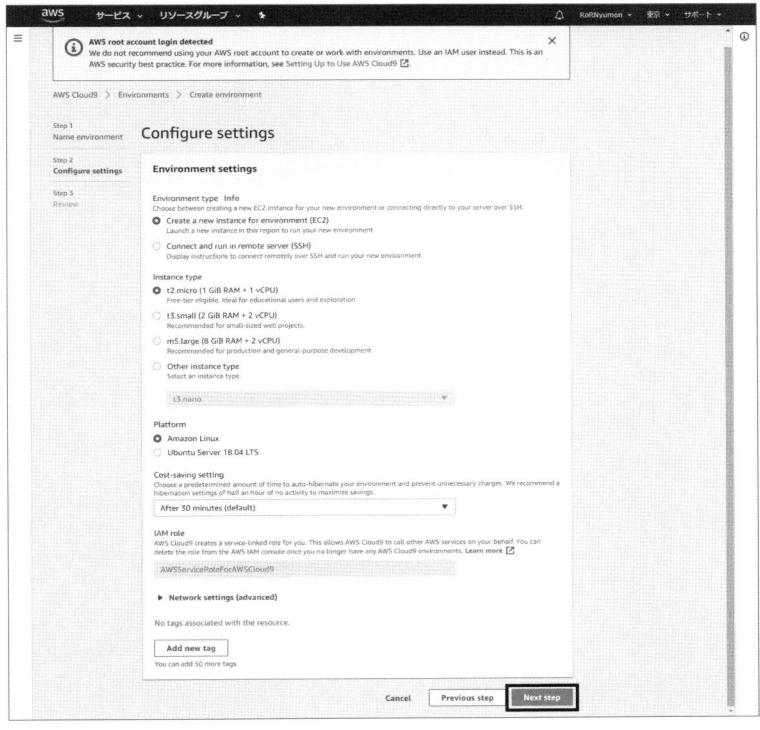

[Review]画面では、そのまま[Create environment]をクリックしてしばらく待ちます(図1-2-16)。

▼図1-2-16

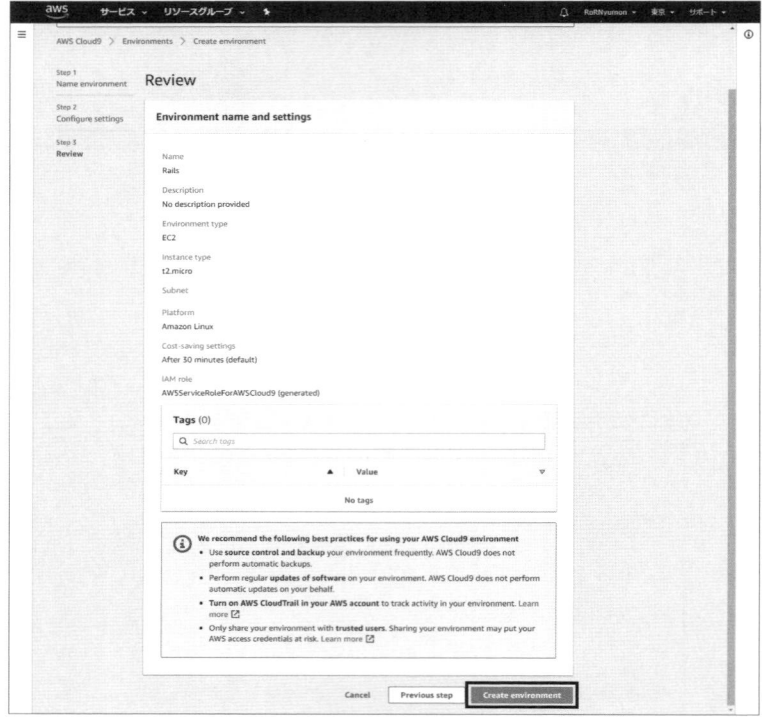

　図1-2-17のような画面が表示されたら、ワークスペースの作成は完了です。このまま、Rails 5.2.3を設定します。

▼図1-2-17

　ここで、画面下の部分に以下のコマンドを入力してEnterキーを押し、実行しましょう。

```
gem install rails -v 5.2.3
```

　実行結果が、図1-2-18のように表示されればOKです。

▼**図1-2-18**

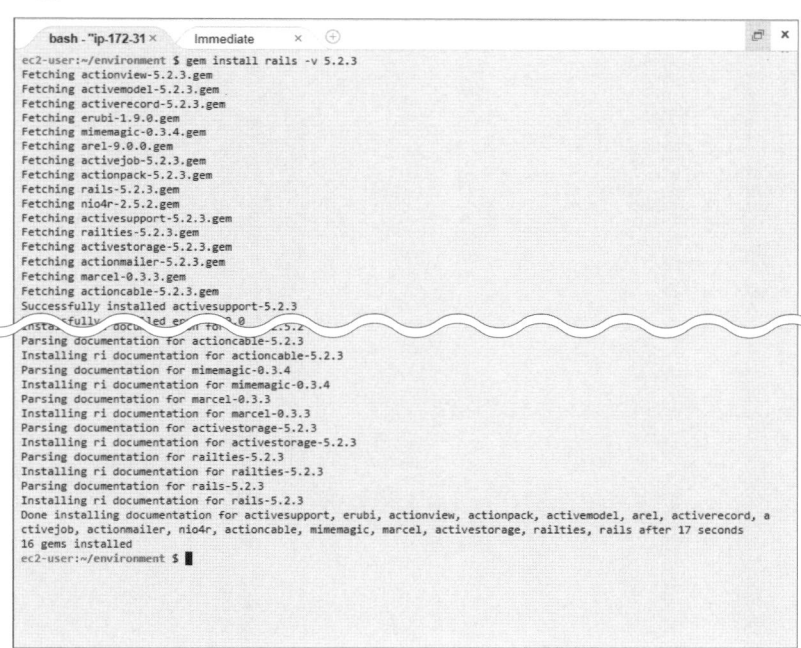

　Rails 5.2.3の設定が成功したか、次のコマンドを入力してEnterキーを押し、実行してみましょう。

```
rails -v
```

　実行結果が、図1-2-19のように表示されればOKです。

▼図1-2-19

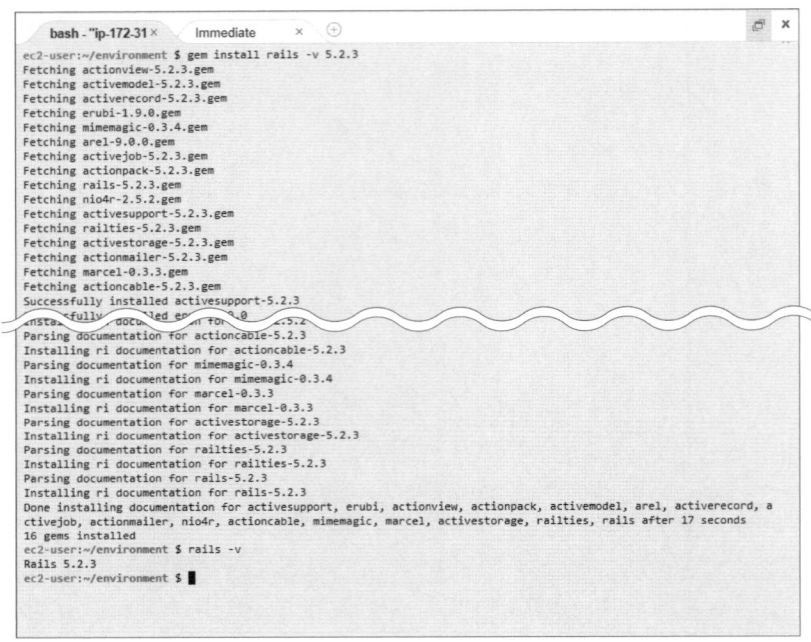

```
bash - "ip-172-31 ×      Immediate        ×    ⊕
ec2-user:~/environment $ gem install rails -v 5.2.3
Fetching actionview-5.2.3.gem
Fetching activemodel-5.2.3.gem
Fetching activerecord-5.2.3.gem
Fetching erubi-1.9.0.gem
Fetching mimemagic-0.3.4.gem
Fetching arel-9.0.0.gem
Fetching activejob-5.2.3.gem
Fetching actionpack-5.2.3.gem
Fetching rails-5.2.3.gem
Fetching nio4r-2.5.2.gem
Fetching activesupport-5.2.3.gem
Fetching railties-5.2.3.gem
Fetching activestorage-5.2.3.gem
Fetching actionmailer-5.2.3.gem
Fetching marcel-0.3.3.gem
Fetching actioncable-5.2.3.gem
Successfully installed activesupport-5.2.3
....fully...document.ed en.. for...0 ...5.2
Parsing documentation for actioncable-5.2.3
Installing ri documentation for actioncable-5.2.3
Parsing documentation for mimemagic-0.3.4
Installing ri documentation for mimemagic-0.3.4
Parsing documentation for marcel-0.3.3
Installing ri documentation for marcel-0.3.3
Parsing documentation for activestorage-5.2.3
Installing ri documentation for activestorage-5.2.3
Parsing documentation for railties-5.2.3
Installing ri documentation for railties-5.2.3
Parsing documentation for rails-5.2.3
Installing ri documentation for rails-5.2.3
Done installing documentation for activesupport, erubi, actionview, actionpack, activemodel, arel, activerecord, a
ctivejob, actionmailer, nio4r, actioncable, mimemagic, marcel, activestorage, railties, rails after 17 seconds
16 gems installed
ec2-user:~/environment $ rails -v
Rails 5.2.3
ec2-user:~/environment $ ▮
```

これでAWS Cloud9の設定は終了です。

Section 03 はじめてのRubyプログラムを実行してみよう

データを表示する「puts」メソッドを使ってみよう

では早速、Rubyでプログラムを実行していきます。ブラウザを閉じた場合は再度コンソールにサインインし、［AWSマネジメントコンソール］画面から［Cloud9］を選択します。図1-3-1のような画面が表示されたら、ワークスペースを選択して［Open IDE］をクリックします。

▼図1-3-1

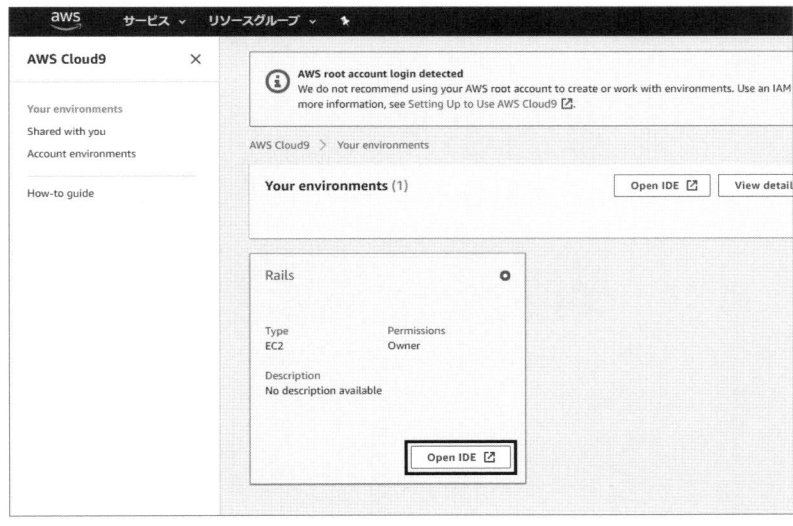

次に、［Window］タブから［New Terminal］をクリックします（図1-3-2）。

すると、ターミナルが表示されます（図1-3-3）。

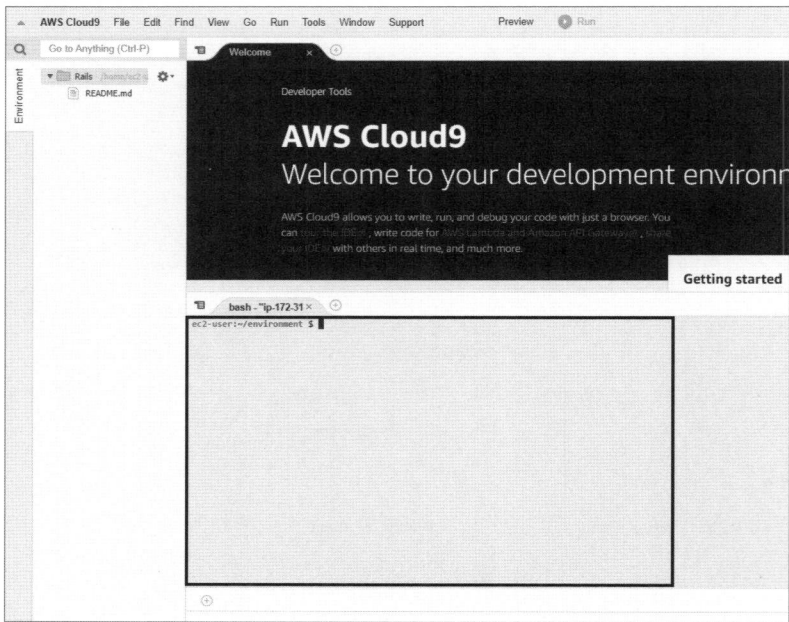

ターミナルって何ですか？

ターミナルとはコマンドという命令文を実行する場所だよ。コマンドはすべて文字なので、文字だけでファイルを作成したり実行したりできるんだ

マウスで右クリックしてファイル作成……といったことも、ターミナルでコマンドを実行してできるってことですね

もちろんできるよ。ただ、本書は初学者向けなので、ファイルの作成はマウスで右クリックして作成する手順を紹介しているんだ

ではここで、Rubyを実行するファイルを作成しましょう。

Cloud9の左上のフォルダー［Rails - /home/ec2-user/environment］を右クリックして［New File］を選択します（図1-3-4）。

▼図1-3-4

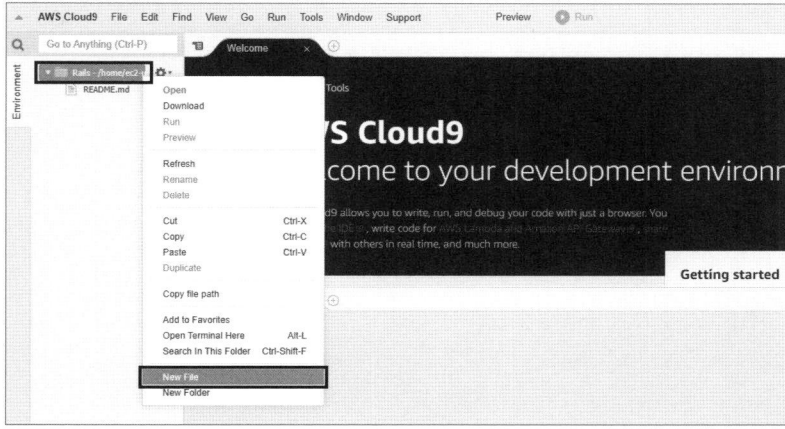

ファイル名は、「planet.rb」とします（図1-3-5）。Rubyファイルの拡張子は「.rb」です。

29

▼図1-3-5

次に「planet.rb」をダブルクリックして開きます（図1-3-6）。

▼図1-3-6

「planet.rb」に、以下のように記述します。

```
001    puts "今日は良い天気ですね"
```

図1-3-7のようになっているかを確認しましょう。

▼図1-3-7

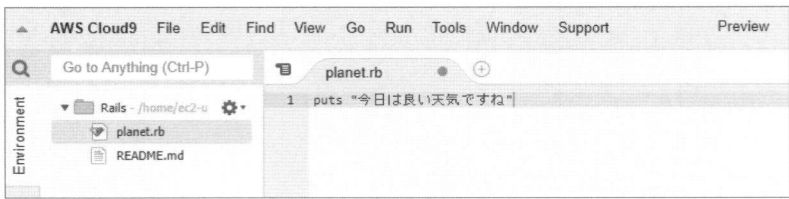

このとき、「planet.rb」はまだ保存されていないので、macOSでは
Command＋「S」キー、WindowsではCtrl＋「S」キーを押して、保存
しておきます。

保存できると、ファイルのタブの表示が「×」に変わります（図1-3-8）。

▼図1-3-8

Rubyのファイルを実行するには、ターミナルで「ruby［ファイル名］」
と入力してEnterキーを押し、実行します。ここでは、「planet.rb」を実
行してみましょう。以下のようにターミナルで入力し、実行してみてく
ださい。

```
ruby planet.rb
```

図1-3-9のようになっているかを確認しましょう。

▼図1-3-9

```
bash - "ip-172-31 ×    ⊕
ec2-user:~/environment $ ruby planet.rb
今日は良い天気ですね
ec2-user:~/environment $ ▊
```

ここで使用したputsメソッドは、渡された値を出力するメソッドです。
渡す値は文字列や数値が主ですが、Rubyの場合、文字列はシングル
コーテーション（' '）やダブルコーテーション（" "）でくくります。

また、数値をputsメソッドに渡すこともできます。数値の場合は、シ

ングルコーテーションやダブルコーテーションでくくる必要はありません。

次に、「planet.rb」に「puts 15250」と記述しましょう（図1-3-10）。

▼図1-3-10

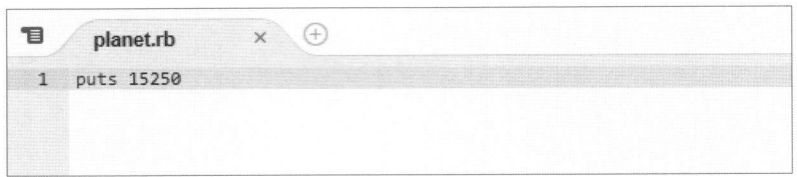

macOSではCommand＋「S」キー、WindowsではCtrl＋「S」キーを押して、保存しておきます。保存できたら「planet.rb」を実行してみましょう。以下のようにターミナルで入力し、実行してみてください。

```
ruby planet.rb
```

図1-3-11のようになっているかを確認しましょう。

▼図1-3-11

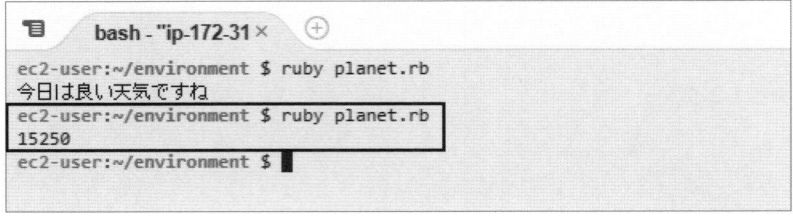

このように、putsメソッドは渡された値（文字列や数値）を出力しています。いろいろな値（文字列や数値）を渡して、putsメソッドを試してみるとよいでしょう。

CHAPTER 1

CHAPTER 2

CHAPTER 3

CHAPTER 4

CHAPTER 5

はじめてのRubyプログラムを書いてみよう

変数に数値や文字列を代入してみよう

変数とは何か

変数とは、数値や文字列などの値（データ）を入れておく箱のようなものです（図1-4-1）。

▼図1-4-1　変数のイメージ

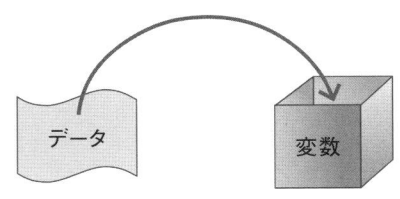

前節では、putsメソッドに文字列や数値などの値を直接渡していましたが、実際のところ、プログラミングの世界では一度変数に文字列や数値などの値を入れてから、その変数に対してメソッドを実行することが多いのです。

変数に文字列や数値などの値を代入するには、「=」（イコール）を使います。プログラミング言語での「=」は、算数や数学で学んできた「=」ではなく、「右辺を左辺に代入する」という意味で使われます。

それでは、早速、変数に文字列や数値などの値を入れてみましょう。「planet.rb」を開いて、次のように記述します。

```
001   mercury = "水星"
002   puts mercury
```

図1-4-2のようになっているかを確認しましょう。ここでは、「mercury」という変数に文字列「水星」を代入しています。文字列「水星」の値が入った「mercury」をputsメソッドで出力する、ということです。

▼**図1-4-2**

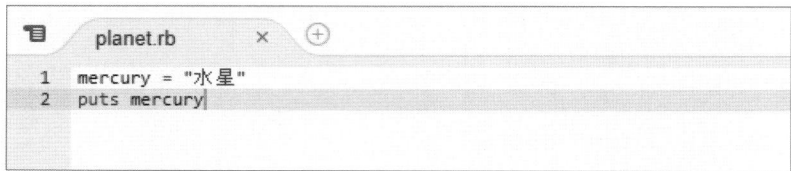

入力できたら、macOSではCommand＋「S」キー、WindowsではCtrl＋「S」キーを押して、保存しておきます。保存できたら、「planet.rb」を実行してみましょう。以下のようにターミナルで入力し、実行してみてください。

```
ruby planet.rb
```

図1-4-3のようになっているか確認しましょう。「mercury」に入っている文字列（水星）が出力されていますね。

▼**図1-4-3**

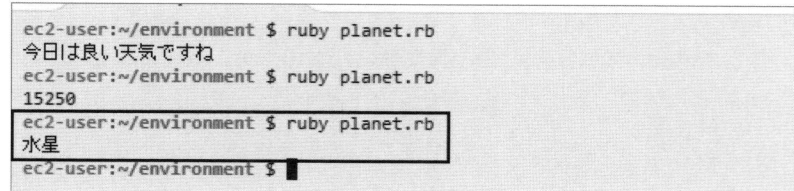

　では、続けて数値も代入してみましょう。「hundred」という変数に100という数値を入れて、putsメソッドでhundredを実行します。

　「planet.rb」を開いて、以下のように修正します。ここでは「hundred」という変数に数値「100」を代入し、数値「100」の値が入った「hundred」をputsメソッドで出力しています。

```
001    hundred = 100
002    puts hundred
```

図1-4-4のようになっているかを確認しましょう。

▼**図1-4-4**

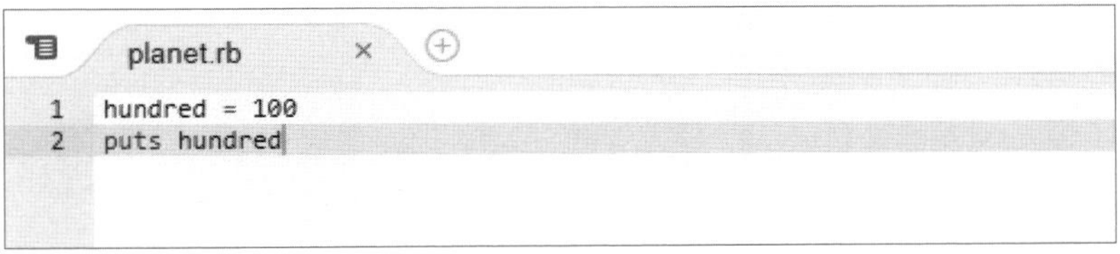

　macOSではCommand＋「S」キー、WindowsではCtrl＋「S」キーを押して、保存しておきます。

　保存できたら、「planet.rb」を実行してみましょう。以下のようにターミナルで入力し、実行してみてください。

```
ruby planet.rb
```

図1-4-5のようになっているかを確認しましょう。

▼図1-4-5

```
15250
ec2-user:~/environment $ ruby planet.rb
水星
ec2-user:~/environment $ ruby planet.rb
100
ec2-user:~/environment $ 
```

「hundred」に入っている数値「100」が出力されていますね。

これで、変数とは数値や文字列などの値を、とりあえず入れておく箱のようなものである、と理解できたかと思います。

変数の名前は、何でもいいのですか？

変数の名前は基本的に何でもかまわないけど、あとで別のプログラマーが見てわかるような変数名にしておくといいよ！

Column

変数は数値や文字列などの値を入れる箱のようなものと説明しましたが、Rubyにおいては厳密には正しい表現とはいえない場合があります。しかし、本書は初学者を対象としているので、あえて厳密な表現ではなく、わかりやすい言葉で表現しました。

変数に上書きする

さて次に、同じ変数名に値を複数回代入することを考えてみましょう。実は、最後に代入した値が最終的な代入された値になります。これは、プログラムは上から順番に読み込まれていくために、あとで読み込まれた値が優先されるからです。つまり、値は上書きされてしまうのです。

では、実際に試してみましょう。「planet.rb」を開いて、次のように修正します。変数「mercury」に「水星」という文字列を代入し、続けて変数「mercury」に「太陽系第一惑星」と代入してみましょう。

```
001    mercury = "水星"
002    mercury = "太陽系第一惑星"
003    puts mercury
```

図1-4-6のようになっているかを確認しましょう。

▼**図1-4-6**

入力できたら、macOSではCommand＋「S」キー、WindowsではCtrl＋「S」キーを押して、保存しておきます。保存できたら、「planet.rb」を実行してみましょう。次のようにターミナルで入力し、実行してみてください。

```
ruby planet.rb
```

図1-4-7のようになっているか確認しましょう。

```
水星
ec2-user:~/environment $ ruby planet.rb
100
ec2-user:~/environment $ ruby planet.rb
太陽系第一惑星
ec2-user:~/environment $ 
```

　このように、2回目に代入した文字列の「太陽系第一惑星」が出力されています。あとで読み込まれた値が優先されていることがわかります（図1-4-8）。

▼図1-4-8　変数に複数回代入した場合

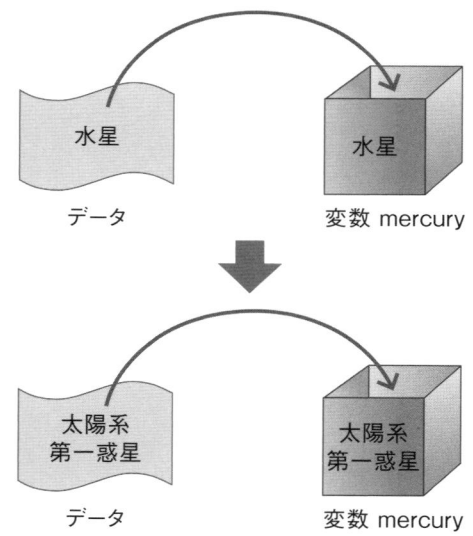

データ　　　　　　　　　変数 mercury

データ　　　　　　　　　変数 mercury

変数に2回以上、値を代入すると、あとで代入された値が優先される。

38

変数を使うメリット

　さて、ここまで変数を使ってきましたが、変数を使うメリットは何でしょうか。

　今までの例では実感がわかないかもしれませんが、実務では大量のコードを記述しているので、変数を使わずにその都度同じことを書くのは非効率的です。

　また、変数は一度定義するとその変数を何度も使うこともできるので、変数の内容が変更されたとしても、その変数に定義した内容を変更するだけで済むため、とても効率的で、ミスを未然に防ぐこともできます。このようなメリットから、変数を使ってコードを記述することはとても大切なことだといえます。

　たとえば、次のようなプログラムの例を考えてみましょう。

001	私はRubyを学習しています。
002	その後、Rubyで開発経験を積みたいと思っています。
003	いずれはRubyを使って、世に役立つサービスを提供したいです。

　このとき、「program」という変数を使って、「program」に「Ruby」という文字列を代入することを考えてみます。

001	変数programにRubyと入れる
002	私は#{program}を学習しています。
003	その後、#{program}で開発経験を積みたいと思っています。
004	いずれは#{program}を使って、世に役立つサービスを提供したいです。

　なお、コード中の「#{ }」は変数の中身が表示されることを意味します（P151のコラム参照）。ここでは1行目で変数を定義しています。

さて、このとき、「Ruby」ではなく「PHP」へ変更したいと思えば、最初に変数を定義した1行目だけを変更すればよいことになります。それ以降は変数を使って記述しているので、変更する必要がないのです。これなら効率的で、ミスも未然に防ぐことができますね。

001	変数programにPHPと入れる
002	私は#{program}を学習しています。
003	その後、#{program}で開発経験を積みたいと思っています。
004	いずれは#{program}を使って、世に役立つサービスを提供したいです。

　ここでは1行目で変数を定義しており、2〜4行目でプログラムを書き換える必要はありません。
　もし変数を使っていない場合は、次のように3箇所を「Ruby」から「PHP」へ変更する必要があります。非効率的でミスも多くなるだろうと想像できますね。

001	私はPHPを学習しています。
002	その後、PHPで開発経験を積みたいと思っています。
003	いずれはPHPを使って、世に役立つサービスを提供したいです。

　膨大な量のコードを扱う実務では、このように変数を定義して使うことはもはや必須なのです。

変数を使えば、変数を定義したところを
変更するだけですから、楽でいいですね

そうなんだ。楽なだけでなく、変更が一度で済むから、
ミスも最小限に減らすことができるんだ

配列とハッシュで データをまとめて書いてみよう

配列にデータを代入してみよう

たとえば、次のように変数に文字列が代入されているとします。

```
001    mercury = "水星"
002    venus = "金星"
003    earth = "地球"
004    mars = "火星"
005    jupiter = "木星"
006    saturn = "土星"
```

この場合、配列を使うと、以下のように記述できます。

```
001    planets = ["水星", "金星", "地球", "火星", "木星", "土星"]
```

つまり、配列を使えば1つの変数に複数の値を入れることができます（図1-5-1）。

▼図1-5-1　配列のイメージ

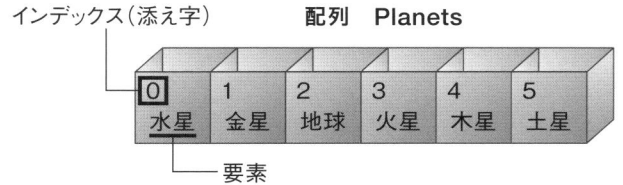

インデックス（添え字）　　配列　Planets

要素

このように配列は、同じような意味の値を利用するときなどに使うと便利です。この配列の箱の中に入れられている複数の値を「要素」といいます。また、それぞれの配列の箱には番号が振られています。この番号を「インデックス」または「添え字」といい、配列の中から要素を取り出す場合は、インデックスを使います。また、インデックスは「0」から始まります。

　たとえば、先に挙げた「planets」から「水星」を取り出すときは、「planets」の0番目と考えて、次のように記述します。

```
planets[0]
```

　では、「planet.rb」を開いて、以下のように修正します。入力できたら、macOSではCommand＋「S」キー、WindowsではCtrl＋「S」キーを押して、保存しておきます。

```
001  planets = ["水星", "金星", "地球", "火星", "木星", "土星"]
002  puts planets[0]
003  puts planets[1]
004  puts planets[2]
005  puts planets[3]
006  puts planets[4]
007  puts planets[5]
```

図1-5-2のようになっているかを確認しましょう。

▼**図1-5-2**

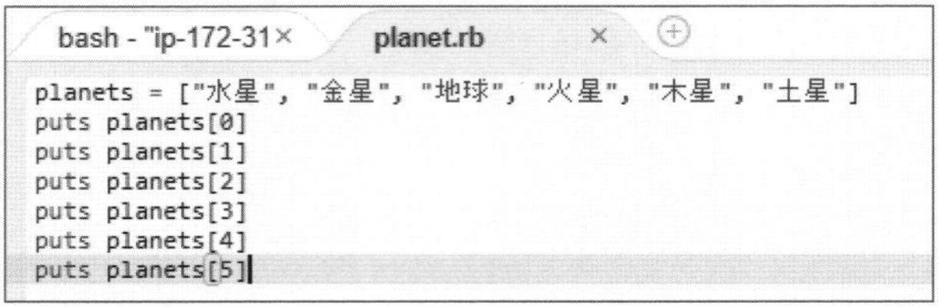

```
bash - "ip-172-31×      planet.rb        ×   (+)

planets = ["水星", "金星", "地球", "火星", "木星", "土星"]
puts planets[0]
puts planets[1]
puts planets[2]
puts planets[3]
puts planets[4]
puts planets[5]
```

　1行目で配列の要素を「planets」に格納します。そして、すでに解説したとおり、「planets[0]」で「水星」を取り出します。2行目に記述したように「puts planet[0]」とすれば、取り出した要素（ここでは「水星」）を表示することができます。

　同様に、「金星」「地球」「火星」「木星」「土星」も取り出して表示するには、3行目から7行目のように記述します。

　では、「planet.rb」を実行してみましょう。以下のようにターミナルで入力し、実行してみてください。

```
ruby planet.rb
```

　図1-5-3のようになっているかを確認しましょう。

▼**図1-5-3**

```
ec2-user:~/environment $ ruby planet.rb
水星
金星
地球
火星
木星
土星
```

　このように取り出せていればOKです。

配列から値を取り出すときは、
インデックスの番号に注意が必要ですね

そうだね。インデックスが0から
始まっていることを確認しよう！

ハッシュにデータを代入してみよう

　次に、ハッシュについて説明します。ハッシュは、配列と同様、1つの変数に値を複数入れることができます。配列は、すでに解説したとおり、値を入れる箱にインデックスという番号が0から振られているのに対し、ハッシュは値を入れる箱にそれぞれ任意の名前を付けることができます（図1-5-4）。

▼**図1-5-4　ハッシュのイメージ**

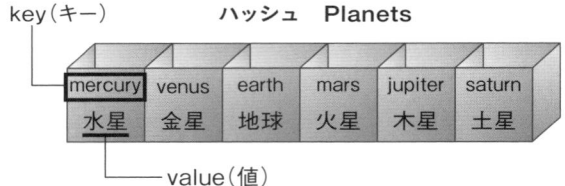

　図1-5-4を具体的に説明します。それぞれの箱に「mercury」「venus」「earth」「mars」「jupiter」「saturn」と名前を付けます。これを「key」（キー）といいます。そして、それぞれに対応するの箱の値が「水星」「金星」「地球」「火星」「木星」「土星」となるわけです。これらを「value」（値）といいます。

　配列の解説と同じ値を使って解説します。

```
mercury = '水星'
venus = '金星'
earth = '地球'
mars = '火星'
jupiter = '木星'
saturn = '土星'
```

　上に挙げた内容をkeyとvalueを使ってハッシュで表すと、以下のようになります。なお、ハッシュでは「{ }」を利用します。

```
planets = {'mercury' => '水星', 'venus'=> '金星',
'earth' => '地球',
'mars'=> '火星', 'jupiter' => '木星', 'saturn' => '土星
'}
```

　このように「key => value」という形式を使って、セットで代入します。

　次に、valueの取り出し方ですが、配列の場合はインデックスを使って値を取り出しましたが、ハッシュの場合はkeyを使ってvalueを取り出します。

```
planets['mercury']
```

「planet.rb」を開いて、以下のように修正します。

```
001   planets = {'mercury' => '水星', 'venus' => '金星',
      'earth' => '地球', 'mars'=> '火星', 'jupiter' => '木
      星', 'saturn' => '土星'}
002   puts planets['mercury']
003   puts planets['venus']
004   puts planets['earth']
005   puts planets['mars']
006   puts planets['jupiter']
007   puts planets['saturn']
```

図1-5-5のようになっているか確認しましょう。

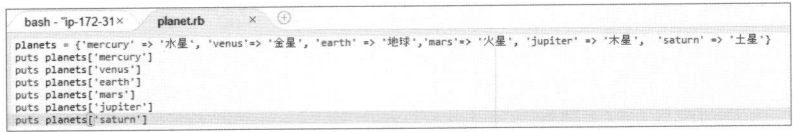

```
planets = {'mercury' => '水星', 'venus'=> '金星', 'earth' => '地球','mars'=> '火星', 'jupiter' => '木星',  'saturn' => '土星'}
puts planets['mercury']
puts planets['venus']
puts planets['earth']
puts planets['mars']
puts planets['jupiter']
puts planets['saturn']
```

　入力できたら、macOSではCommand＋「S」キー、WindowsではCtrl
＋「S」キーを押して、保存しておきます。

　1行目で、ハッシュとしてkeyとvalueを入れて定義します。2行目では、
valueである「水星」を取り出すため、それに対応するkeyの「mercury」
を使って「puts planets['mercury']」と記述しています。

　同様にして、3行目から7行目までで「金星」「地球」「火星」「木星」
「土星」を取り出して表示しています。

　それでは、「planet.rb」を実行してみましょう。以下のようにターミナ
ルで入力し、実行してみてください。

```
ruby planet.rb
```

　図1-5-6のようになっているか確認しましょう。このように、それぞれ
の惑星が取り出せていればOKです。

▼図1-5-6

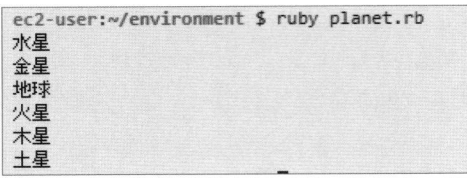

```
ec2-user:~/environment $ ruby planet.rb
水星
金星
地球
火星
木星
土星
```

　まとめると、ハッシュは配列と同様に値を複数入れることができます
が、必ずkeyと`valueをセットで入れ、valueを取り出すときはそれに対応
するkeyを指定するという点を押さえておきましょう。

Section
06

if文で条件分岐してみよう

if文の使い方を知る

　ここでは、if文での条件分岐について解説します。

　if文における条件分岐とは、「その条件を満たせばプログラムを実行し、その条件を満たさなければそのプログラムは実行されない」というものです。

　if文などの条件分岐の場合はフローチャートがよく使われるので、ここで紹介しておきます（図1-6-1）。

▼図1-6-1　if文による条件分岐フローチャート

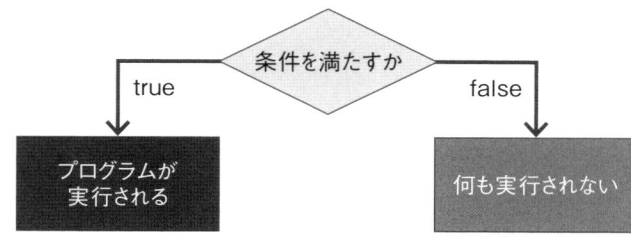

　if文の条件分岐の場合、条件を満たせば（その条件がtrueであれば）プログラムを実行し、その条件を満たさなければ（その条件がfalseであれば）そのプログラムは実行されないというものです。

　では、図1-6-1を具体的に記述してみましょう。次のプログラムを参照してください。

```
001   if 5 > 3
002     puts "5は3よりも大きいです"
003   end
```

　5が3よりも大きいことがtrueであるなら、「puts "5は3よりも大きいで
す"」という命令が実行される、というプログラムです。
　この場合、「5は3よりも大きい」という条件が満たされているので、
「puts "5は3よりも大きいです"」が実行されます。

　ではここで、実行するファイルを再度作成しましょう。
　Cloud9の左上のフォルダー［Rails -/home/ec2-user/environment］を
右クリックして［New File］をクリックします。ファイル名は「if_exercise.
rb」とします（図1-6-2）。

▼図1-6-2

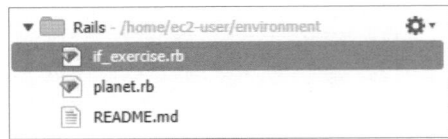

　次に「if_exercise.rb」を開き、図1-6-3のように記述します。

▼図1-6-3

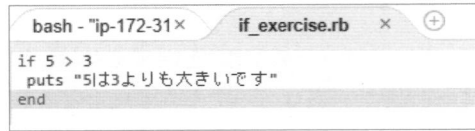

　入力できたら、macOSではCommand＋「S」キー、WindowsではCtrl
＋「S」キーを押して、保存しておきます。保存できたら、「if_exercise.
rb」を実行してみましょう。次のようにターミナルで入力し、実行して
みてください。

```
ruby if_exercise.rb
```

図1-6-4のようになっているかを確認しましょう。

▼**図1-6-4**

```
ec2-user:~/environment $ ruby if_exercise.rb
5は3よりも大きいです
```

「puts "5は3よりも大きいです"」が実行されて、「5は3よりも大きいです」と表示されていることを確認してください。

次に、条件を満たさない場合はどうなるかを見ていきましょう。「if_exercise.rb」を開いて、次のように修正します。

```
001    if 5 < 3
002      puts "5は3よりも大きいです"
003    end
```

「if_exercise.rb」を実行してみましょう。次のようにターミナルで入力し、実行してみてください。

```
ruby if_exercise.rb
```

すると、図1-6-5のように表示されます。

▼**図1-6-5**

```
ec2-user:~/environment $ ruby if_exercise.rb
ec2-user:~/environment $
```

何も表示されていませんね。これは、「5は3よりも小さい」という条件を満たしていない（その条件がfalse）ので、「puts "5は3よりも大きいです"」という命令が実行されていない、ということです。

はじめてのRubyプログラムを書いてみよう

比較演算子とは何か

　値や式などを比較して、その結果に対してtrueまたはfalseを返すものを「比較演算子」といいます。具体的には以下のようなものがあります。

a == 1	aと1が等しければtrue、等しくなければfalseを返す
a > 1	aが1よりも大きければtrue、1以下ならfalseを返す
a >= 1	aが1以上ならtrue、1よりも小さければfalseを返す
a < 1	aが1よりも小さければtrue、1以上ならfalseを返す
a <= 1	aが1以下ならtrue、1よりも大きければfalseを返す
a != 1	aが1と等しくなければtrue、等しければfalseを返す

if 〜 else文の使い方を知る

　ここまで、if文の条件が満たされれば命令が実行され、条件が満たされなければ何も実行されない、という例を解説しました。今度は、if文の条件が満たされれば命令が実行されるという点は同じですが、条件が満たされなかった場合も（前の条件がfalseならば）命令を実行する例を紹介します。

　図1-6-6では、条件を満たす場合は命令が実行されることは図1-6-1と同じですが、条件を満たさない場合も「else」以下にプログラムを記述して実行する点が異なります。

▼**図1-6-6　if～else文による条件分岐フローチャート**

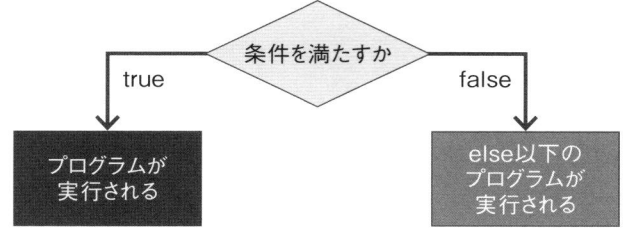

具体的な例を見てみましょう。

```
001  if 5 < 3
002    puts "5は3よりも大きいです"
003  else
004    puts "それは間違いです"
005  end
```

「5は3よりも小さい」という1行目の条件は満たしていない（falseである）ので、2行目の「puts "5は3よりも大きい"」は実行されません。3行目のelse以下はそれより前の条件を満たしていない（falseである）場合に実行するので、4行目の「puts "それは間違いです"」が実行されます。

「if_exercise.rb」を開いて、前述のように修正します。

入力できたら、macOSではCommand＋「S」キー、WindowsではCtrl＋「S」キーを押して、保存しておきます。保存できたら、「if_exercise.rb」を実行してみましょう。以下のようにターミナルで入力し、実行してみてください。

```
ruby if_exercise.rb
```

すると、図1-6-7のように表示されます。

CHAPTER 1

CHAPTER 2

CHAPTER 3

CHAPTER 4

CHAPTER 5

はじめてのRubyプログラムを書いてみよう

▼図1-6-7

```
ec2-user:~/environment $ ruby if_exercise.rb
それは間違いです
```

　else以下の命令である「puts "それは間違いです"」が実行され、「それは間違いです」と表示されることを確認しましょう。

　これで、else以下の命令はそれより前の条件が満たされていない（falseである）場合に実行されるのが理解できたでしょう。

if文だけなら、その条件を満たしていないと、何も命令が実行されないんですね

そうだよ。if〜else文なら、if文での条件が満たしていない場合は、else以下の命令が実行されることになるんだ

if 〜 elsif 〜 else文を知っておこう

　最後に、if〜elsif〜else文を使った、もう少し複雑な条件分岐について解説します。

　ここまで、if文の条件が満たされている（trueである）ならば、if文以下の命令が実行され、条件が満たされていない（falseである）ならば、else文以下の命令が実行されるという例を説明しました。

　今度は、「if文以下の条件が満たされている」「else文以下の条件が満たされていない」との間に、さらに条件を入れた例を解説します（図1-6-8）。

▼**図1-6-8　if～elsif～else文による条件分岐フローチャート**

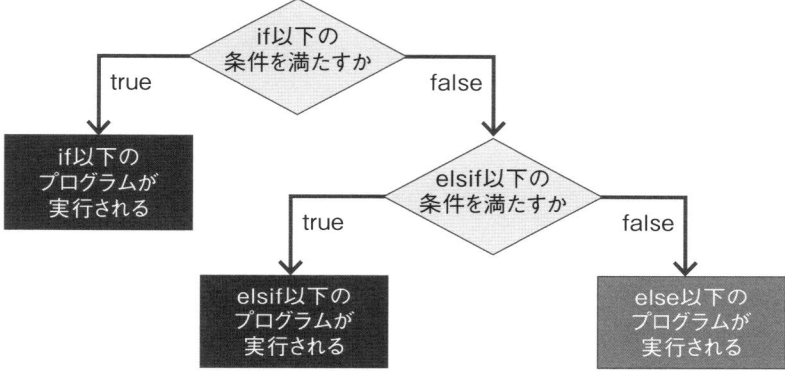

図1-6-8では、if文以下の条件を満たす（trueである）場合は、そのまま if文以下の命令が実行されますが、if文以下の条件を満たしていない（falseである）場合は、さらに「elsif」による条件分岐を行います。

elsif文以下の条件を満たす（trueである）場合は、そのまま elsif文以下の命令が実行され、if文以下も elsif文以下も条件が満たされていない（falseである）ならば、else文以下のプログラムが実行されます。

具体的な例を見てみましょう。

```
001    if 5 < 3
002      puts "5は3よりも大きいです"
003    elsif 5 < 6
004      puts "5は6よりも小さいです"
005    else
006      puts "それは間違いです"
007    end
```

「5は3よりも小さい」という1行目の条件は満たしていない（falseである）ので、2行目の「puts "5は3よりも大きいです"」は実行されません。

次に、3行目の条件を満たしているかどうかですが、「5は6よりも小さい」という条件は満たしている（trueである）ので、4行目の命令「puts "5は6よりも小さいです"」が実行され、ここでプログラムは終了します。5行目以降は、3行目で条件を満たしている（trueである）ので実行されません。

「if_exercise.rb」を開いて、前述のように修正します。

入力できたら、macOSではCommand＋「S」キー、WindowsではCtrl＋「S」キーを押して、保存しておきます。保存できたら、「if_exercise.rb」を実行してみましょう。次のようにターミナルで入力し、実行してみてください。

```
ruby if_exercise.rb
```

すると、図1-6-9のように表示されます。elsif文以下の条件が満たしているので、「5は6よりも小さいです」と表示されることを確認しましょう。

▼図1-6-9

```
ec2-user:~/environment $ ruby if_exercise.rb
5は6よりも小さいです
```

では、次の例ではどうでしょうか。

```
001   if 5 < 3
002     puts "5は3よりも大きいです"
003   elsif 5 < 4
004     puts "5は4よりも大きいです"
005   else
006     puts "それは間違いです"
007   end
```

「5は3よりも小さい」という1行目の条件は満たしていない（falseである）ので、2行目の「puts "5は3よりも大きいです"」が実行されないのは同じです。次に、3行目の条件を満たしているかどうかですが、「5は4よりも小さい」という条件は満たしていない（falseである）ので、4行目の命令「puts "5は4より大きいです"」も実行されません。ここまですべて条件を満たしていない（falseである）ので、6行目の命令「puts "それは間違いです"」が実行されます。

「if_exercise.rb」を開いて、前述のように修正します。入力できたら、macOSではCommand＋「S」キー、WindowsではCtrl＋「S」キーを押して、保存しておきます。保存できたら、「if_exercise.rb」を実行してみましょう。次のようにターミナルで入力し、実行してみてください。

```
ruby if_exercise.rb
```

すると、図1-6-10のように表示されます。else以下のプログラムである「puts "それは間違いです"」が実行され、「それは間違いです」と表示されることを確認しましょう。

▼図1-6-10

```
ec2-user:~/environment $ ruby if_exercise.rb
それは間違いです
```

これで、else以下の命令はそれより前の条件がすべて満たされていない（falseである）場合に実行されるのが理解できたでしょう。

複雑すぎて、なかなか整理できません……

そういうときは、フローチャートを作成・整理して、コードを書くようにするといいよ。また、elsifはelseと違って条件を記述することも押さえておこう！

CHAPTER 1

CHAPTER 2

CHAPTER 3

CHAPTER 4

CHAPTER 5

はじめてのRubyプログラムを書いてみよう

Section 07

irbを使った簡単な計算を行おう

irbで対話的にコードを実行する

本節は補足的な話なので、余力のある人のみ読み進めてください。

Rubyには、対話的にコードを実行できる「irb」という機能が備わっています。irbはRubyのコマンドを確認するのに使うことが多いので、覚えておくと便利です。使い方はとても簡単で、まずターミナルを開いて、次のコマンドを入力して実行するだけです。

```
irb
```

すると、ターミナルで図1-7-1のように表示されます。

▼図1-7-1

```
ec2-user:~/environment $ irb
2.6.3 :001 > █
```

irbから抜けるには、「exit」と入力してEnterキーを押します（図1-7-2）。

▼図1-7-2

```
ec2-user:~/environment $ irb
2.6.3 :001 > exit
ec2-user:~/environment $ █
```

irbで四則計算を実行する

　ここからはirbを使って四則演算をしていきましょう。もちろん、今までのようにファイルを作成して実行する方法でもできますが、ここでは省略します。

+	足し算
−	引き算
*	掛け算
/	割り算
%	余り算

　余り算以外は説明の必要はないでしょう。余り算のみ説明します。

　余り算とは、余りの数を返す計算です。たとえば、「5÷2＝2余り1」という計算で余り算を行うと「1」が返ってきます。

　irbで確認してみましょう。irbに入って、次のようにコマンドを入力します。

```
5 % 2
```

　すると、図1-7-3のように「1」が返ってきます。

▼図1-7-3

```
ec2-user:~/environment $ irb
2.6.3 :001 > 5 % 2
 => 1
```

　ほかの四則演算も、irbで確認してみましょう。

そのほかの演算子を知っておく

四則演算と余り算以外にも、使える演算子があります。ここで確認しておきましょう。

使用例	意味	別の書き方
a+=1	aに1を足して、その結果をaに代入する	a=a+1
a-=1	aから1を引いて、その結果をaに代入する	a=a-1
a*=1	aに1を掛けて、その結果をaに代入する	a=a*1
a/=1	aを1で割って、その結果をaに代入する	a=a/1
a%=1	aを1で割った余りをaに代入する	a=a%1

irbで確認してみましょう。irbに入って、まずaに11を代入します。

    a=11

余り算でaを3で割った余りを求め、aに代入します。

    a%=3

aには11が代入されていたので、余りは2です。この計算を実行後、aには2が代入されていることになります。

さらに、以下のように、aを2で割った余りを求めると、aは0になります。

    a%=2

ここまでの計算で、図1-7-4のように表示されているはずです。

▼図1-7-4

```
ec2-user:~/environment $ irb
2.6.3 :001 > a = 11
 => 11
2.6.3 :002 > a %= 3
 => 2
2.6.3 :003 > a %= 2
 => 0
```

　ここまで、Rubyというプログラミング言語の文法を簡単に紹介しましたが、まだまだたくさんの文法があります。ほかの書籍を読んだり、インターネットで検索して調べてみてください。本書の目的はプログラミングの初心者がRuby on Railsを簡単に触ってみることなので、Rubyの説明についてはとりあえずここまでで終わります。このあと、本書でRubyの説明が必要になれば、その都度解説します。

　それでは、次章からRuby on Railsの世界に入っていきましょう。

このirbという機能はどのような用途で使うのですか？

Rubyのコードを手っ取り早く確認するときなどに重宝するんだ。いちいちファイルを作成して、ターミナルでRubyを実行するのは面倒だけど、irbならファイルを作成しなくてもよいので便利だよ

なるほど！プログラムを記述しているときに、ちょこちょこっと試すのに使い勝手がよさそうですね！

いろいろと試すのが上達につながるので、どんどん使ってみるといいよ

この章のまとめ

- コンピューターは、0と1のみからなる機械語しか理解できない
- プログラミング言語は、プログラムを機械語へと翻訳する役割を担う
- Rubyは、日本人が開発したオブジェクト指向型のプログラミング言語である
- AWS Cloud9は統合開発環境の1つで、初学者でもプログラミングを簡単に行うためのものである

Rubyの文法について

- putsは渡されたオブジェクトをターミナルで表示するメソッド
- 変数は効率的にコードを記述するために文字列や数値などの値を入れておく箱のようなもの
- 配列やハッシュは複数のデータをまとめて入れておく箱のようなもの
- if文などの条件分岐は、その式がtrueであれば実行し、falseであれば実行しない

Ruby on Railsで作る！
はじめての
Webアプリケーション

　この章は、 とりあえずRuby on Railsに触れてみることを目的としています。 最初に、 Ruby on Railsというフレームワークについて、 その概要や考え方を説明しています。 そして、 実際に手を動かしてRuby on Railsでフレームワークを実際に作成し、 ファイルの構成がどうなっているのかを確認し、 ファイルに記述された内容がどのように表示されるかを知って、 概要をつかんでください。

　なお、 この章では、 Webアプリケーションとして実際に記事を投稿するような機能は扱いません。

Section 01 | Ruby on Railsについて 知っておこう

フレームワークとは何か

　フレームワークとは、システムを楽に開発するためにあらかじめ用意された土台のようなものです。

　もちろん、フレームワークを使わないでシステムを開発することもできます。しかし、システムを開発していく中で同じような作業が生じたとき、それらを前もって用意しておいたフレームワークで開発すると、労力や時間を大幅に軽減し、効率的に開発が進められるのです。

　たとえば、小屋を作ってみることを想像してみましょう。木を買ってきて加工し、組み立てることを考えると、プロの大工さんでもない限り、かなりの労力と時間がかかることでしょう。

　しかし、最近ではホームセンターなどでも、小屋の作成キットのようなものを置いています。こういった作成キットを組み立てれば、木を買ってきて加工するよりは断然、楽に組み立てることができます。

　もちろん、作成キットでは、ある程度、小屋の形や大きさなどは決められているので、その範囲の中で自分なりにカスタマイズすることになりますが、買ってきた木を最初から加工して組み立てるのと比べれば、かなりの労力と時間が軽減できるはずです（図2-1-1）。

▼図2-1-1　小屋の作成キットを使えば、家は早く作れる

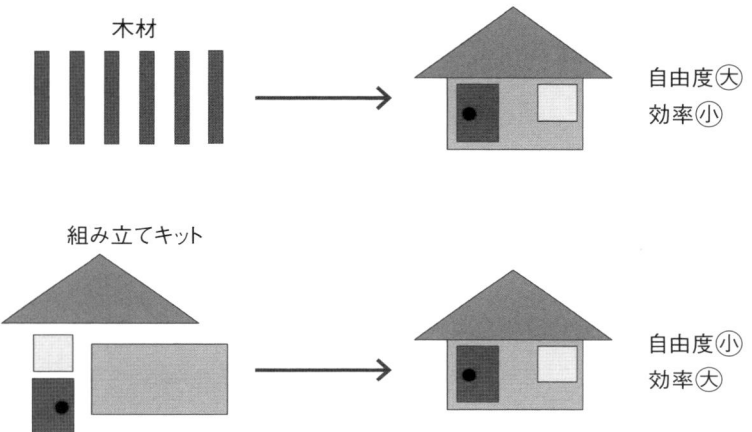

システムのフレームワークも同じような考え方です。フレームを使わ ないと、一つ一つ自分でファイルを作成してシステムを開発していくこ とになります。一方、フレームワークを使うと、最低限必要なファイル がすでに土台として用意されています。それらのファイルをカスタマイ ズして、システムを開発すればよいのです。そのため、フレームワーク を使ったほうが、労力と時間を大幅に節約できるのです（図2-1-2）。

▼図2-1-2　フレームワークを使えば、システムは早く作れる

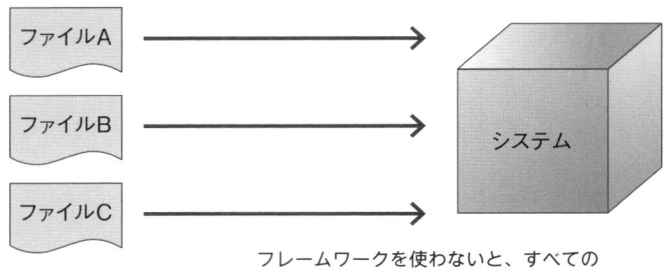

フレームワークを使わないと、すべての
ファイルを自分で作る必要がある。

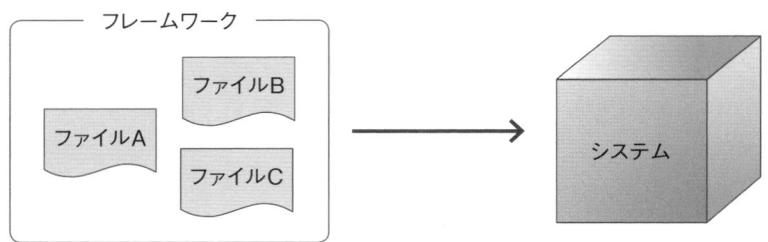

フレームワークを使えば、ある程度ファイルができ
あがっているので、カスタマイズするだけでよい。

フレームワークを使わないで開発すると、
労力と時間がかかる以外に問題はありますか？

フレームワークは、セキュリティ性やメンテナンス性
という観点からも必要なんだよ。フレームワークを
使わないと、それらも意識しなければならないね

Ruby on Railsとは何か

　Ruby on Railsは、Rubyというプログラミング言語でWebアプリケーションを開発するためのフレームワークです。

　Rubyは、前章でも触れたように、まつもとゆきひろ氏が開発した言語です。一方、Ruby on Railsはデンマーク生まれのデイヴィッド・ハイネマイヤ・ハンソン氏によって開発されました。

　もちろん、RubyだけでもWebアプリケーションは作れます。また、Ruby on RailsというフレームワークでWebアプリケーションを開発するなら、フレームワークとしてのルールは最低限学習しなければいけません。

　しかし、それでもRuby on Railsを学んだほうが、Webアプリケーションの開発の労力や時間を大幅に軽減できるので、多くの現場でRuby on Railsは使われています。

Ruby on Railsの考え方

　次に、Ruby on RailsでWebアプリケーションを開発するにあたって、必要な考え方を紹介します。Ruby on Railsは、2つの大きな「哲学」をもとに開発されています。

DRY（Don't Repeat Yourself）

　DRYとは「同じことを繰り返してはいけない」という意味です。

　Webアプリケーションの開発では、さまざまな機能を実装しますが、それらの機能に含まれるコードが必要になるたびに繰り返し記述するのは、とても効率のよい開発とはいえません。

CHAPTER 1
CHAPTER 2
CHAPTER 3
CHAPTER 4
CHAPTER 5

Ruby on Railsで作る！
はじめてのWebアプリケーション

DRYの原則に基づけば、同じコードを記述するのは1回だけにして、そのコードが必要な機能が出てくるたびに読み込む方法で開発すべきです。

なぜこのように開発を進めるべきなのでしょうか。アプリケーションの開発や運用で仕様変更があった場合を想像してみてください。もしそれぞれの機能で同じコードを繰り返し記述していたら、それらのコードをすべて修正しなければなりません。その結果、修正箇所を見落としたりバグが発生したりしかねません。

同じ機能やコードは1つにまとめて共通化しておくことは、開発効率はもちろんのこと、Webアプリケーションを保守していく観点からもとても大切なことだといえます。

設定より規約（Convention over Configuration）

Ruby on Railsには、さまざまな規約があります。規約を理解して覚えるのは、初学者にとっては厄介かもしれません。しかし、実際はその逆で、その規約どおりに開発していけば、余計なことを考えずに開発に専念することができます。

規約が細かく決められていることで、細かい設定についてはデフォルトのままで進められるので、開発者はコードを記述するときに余計なことを考える必要がありません。そのため、開発効率が上がります。

また、細かい設定をあまり気にせず学習できるので、学習のハードルも下がるというメリットがあります。

デフォルトで設定されたとおりに開発することにより、開発者がプログラムを記述することに集中できる、というのが「設定より規約」の目指すところなのです。

 いろいろな規約を覚えるって、大変そうですね

 最初は戸惑うかもしれないけれど、慣れてくれば、楽に開発できるようになるよ

CHAPTER 1
CHAPTER 2
CHAPTER 3
CHAPTER 4
CHAPTER 5

Ruby on Railsで作る！
はじめてのWebアプリケーション

Section 02 Ruby on Railsアプリケーションの土台を作ってみよう

Webアプリケーションを作成してみよう

それでは早速、Ruby on RailsでのWebアプリケーションを作っていきましょう。まず、pwdコマンドでカレントディレクトリを確認します。カレントディレクトリとは、現在、自分が作業しているディレクトリのことです。

ターミナルで、次のようにコマンドを入力して実行します。

```
pwd
```

すると、図2-2-1のように表示されます。

▼図2-2-1

```
ec2-user:~/environment $ pwd
/home/ec2-user/environment
ec2-user:~/environment $ █
```

図2-2-1のように表示されていなければ、次のコマンドを実行します。

```
cd ~/environment
```

pwdコマンドでカレントディレクトリを再度確認し、図2-2-1のようになっているか確認します。確認できたら、Ruby on Railsアプリケーションを作成していきます。

Ruby on Railsでは、アプリケーションを作成する際、最初に次のコマンドを実行します。

```
rails new [アプリ名]
```

　これにより、Ruby on Railsアプリケーションのフレームワークが作成されます。今回は「myblog」というアプリケーションを作成していくので、次のようなコマンドを実行します。

```
rails new myblog
```

　すると、図2-2-2のように表示されます。

▼**図2-2-2**

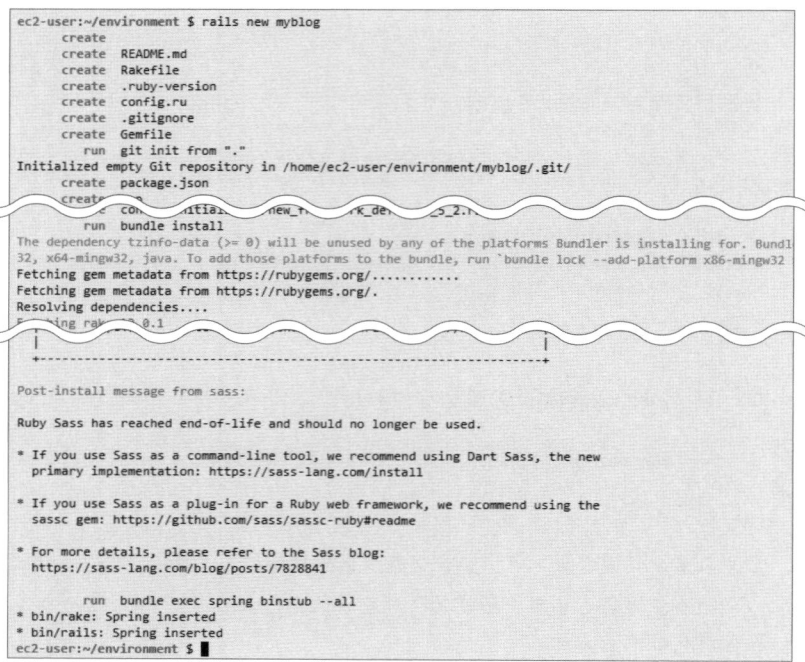

　ここで多くのディレクトリが生成されています。図2-2-2のように出力されていればOKです。

　次に、以下のコマンドを実行し、カレントディレクトリを「myblog」に移動します。

```
cd myblog
```

Column

ターミナルでよく使うコマンド

コマンド	機能
pwd	「Print Working Directory」の略。カレントディレクトリを表示する
mkdir	「Make Directory」の略。「mkdir [ディレクトリ名]」で、カレントディレクトリの下にディレクトリを作成する
cd	「Change Directory」の略。「cd [ディレクトリ名]」で、カレントディレクトリより下のディレクトリに移動する
touch	ファイルを作成する。カレントディレクトリにファイルが作成される
ls	カレントディレクトリの下のディレクトリやファイルを表示する

　「cd ..」で1つ上、「cd ../..」で2つ上の階層のディレクトリに移動します。同じ階層のディレクトリに移動する場合は、いったん1つ上のディレクトリに移動してから「cd [ディレクトリ名]」で移動するか、「cd ../[ディレクトリ名]」で直接、目的のディレクトリに移動します。

知っておくべきディレクトリの用語

用語	意味
カレントディレクトリ	現在作業しているディレクトリ。pwdコマンドで表示される
ホームディレクトリ	個々のユーザーの基点となるディレクトリ。ターミナルを起動すると、ホームディレクトリに入る。ユーザーが自由に扱える
ルートディレクトリ	そのコンピューターの一番上の階層。そのコンピューターでは、それより上の階層のディレクトリはないことを表す

生成されたディレクトリを確認する

次に、生成されたディレクトリを見ていきましょう。

AWS Cloud9の左側の「myblog」ディレクトリを開くと、「app」「bin」「config」「db」などのディレクトリが生成されているのがわかります（図2-2-3）。

▼図2-2-3

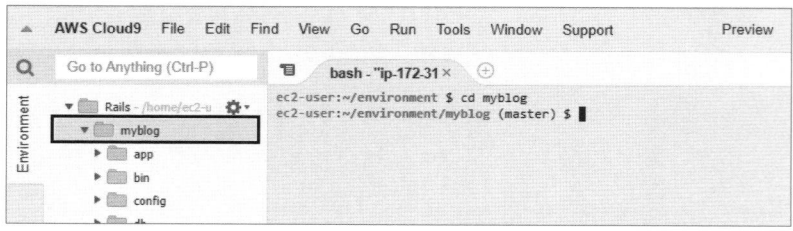

```
myblog/
  app/
  bin/
  config/
  db/
  lib/
  log/
  public/
  storage/
  test/
  tmp/
  vender/
    ...
```

　本書はRuby on Railsに触れてみることを目的としているので、個々の
ディレクトリの役割についての詳細な説明は割愛しますが、本書でも扱
う基本的なディレクトリは次のとおりです。いずれも詳細はあとで触れ
ます。

ディレクトリ名	役割
app/	モデル、ビュー、コントローラーなどを扱う
config/	ルーティングなどの設定を扱う
db/	マイグレーションスクリプトファイルなどを扱う

たくさんディレクトリがあるんですね！
よく使うのはどこですか？

「app」ディレクトリだね。「app/controllers」
「app/models/」「app/views/」はあとで編集するよ

Webサーバーを立ち上げる

　Webサーバーとは、Webサイトを公開するために必要なソフトウェアのことです。Webサーバーがなければ、ユーザーがブラウザを通じてWebサイトにアクセスすることはできません。

　Ruby on Railsには「Puma」というWebサーバーが標準装備されています。Pumaを立ち上げて、myblogアプリケーションを見てみましょう。なお、次節ではこのmyblogアプリケーションを実際に開発していきます。

　次のコマンドをターミナルで実行し、Webサーバーを立ち上げます。

```
rails s
```

　図2-2-4のように表示されます。

▼**図2-2-4**

```
ec2-user:~/environment $ cd myblog
ec2-user:~/environment/myblog (master) $ rails s
=> Booting Puma
=> Rails 5.2.4.2 application starting in development
=> Run `rails server -h` for more startup options
Puma starting in single mode...
* Version 3.12.4 (ruby 2.6.3-p62), codename: Llamas in Pajamas
* Min threads: 5, max threads: 5
* Environment: development
* Listening on tcp://localhost:8080
Use Ctrl-C to stop
```

　次に、「Preview」タブから「Preview Running Application」をクリックします（図2-2-5）。

▼図2-2-5

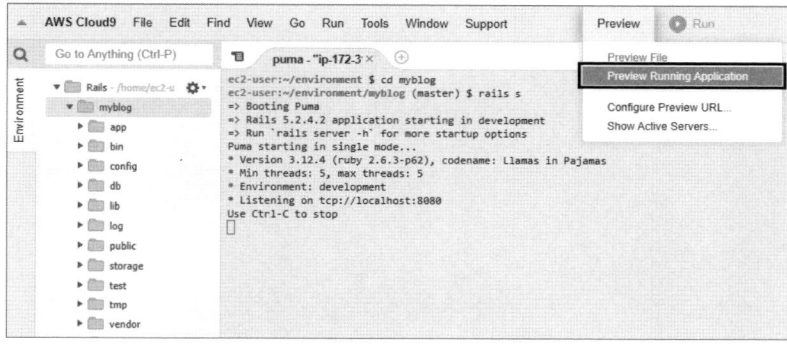

画面右上の矢印アイコンをクリックします（図2-2-6）。

▼図2-2-6

すると、図2-2-7のように表示されます。これが、Cloud9で構築した
Ruby on Railsの最初のページです。次のように表示されていれば、Ruby
on Railsの土台は完成しています。

　ターミナルでCtrl＋「C」を押して、いったんWebサーバーを停止させ
ましょう。

Section 03 Ruby on RailsのURLの決め方を理解しよう

新しいURLを作成する

前節でWebサーバーを立ち上げたとき、表示されたのはRuby on Rails の最初のページでした（図2-2-7参照）。ここからは実際に自分で新しいページを作成していきますが、その前に、「コントローラー（Controller）」と「ビュー（View）」という用語について解説します。

新しいページを作成するにあたって、とりあえずテンプレートが必要です。このテンプレートのことをRuby on Railsでは「ビュー」といいます。ビューは、「ERBテンプレート」ともいい、HTMLタグはもちろんのこと、Rubyのコードを記述することもできます。Rubyのコードを記述する場合は「<%」と「%>」、あるいは「<%=」と「%>」でくくります。また、これらのファイルは「.html.erb」という拡張子を追加します。

また、コントローラーは、ここではブラウザで表示するために必要な情報をビューに渡すのが役割だと、考えておいてください。詳しくは第4章と第5章で解説します。

では、コントローラーを生成していきますが、まずpwdコマンドを実行して、カレントディレクトリが次のようになっていることを確認します。

```
/home/ec2-user/environment/myblog
```

もしカレントディレクトリが異なれば、次のコマンドを実行してカレ

75

ントディレクトリを移動しましょう。

```
cd ~/environment/myblog
```

確認できたら、ターミナルで次のコマンドを実行します。

```
rails g controller Blogs
```

　上に挙げたコマンドの「g」は「generate」の省略形です。省略せず
に、「rails g」の代わりに「rails generate」としても同じ動作をします。
また、「Blogs」と複数形で記述することに注意しましょう。単数形でも
コントローラーを作成することは可能ですが、「コントローラーは複数
形」と覚えて、命名規則どおりに進めてください。なお、入力ミスで誤っ
た名前のコントローラーを作成してしまったときは、P78のコラムを参
照して削除します。
　実行すると、図2-3-1のようなログが出力されます。

▼図2-3-1

```
ec2-user:~/environment $ cd myblog/
ec2-user:~/environment/myblog (master) $ rails g controller Blogs
Running via Spring preloader in process 8213
      create  app/controllers/blogs_controller.rb
      invoke  erb
      create    app/views/blogs
      invoke  test_unit
      create    test/controllers/blogs_controller_test.rb
      invoke  helper
      create    app/helpers/blogs_helper.rb
      invoke    test_unit
      invoke  assets
      invoke    coffee
      create      app/assets/javascripts/blogs.coffee
      invoke    scss
      create      app/assets/stylesheets/blogs.scss
ec2-user:~/environment/myblog (master) $ █
```

コントローラーを作成すると、いろいろなファイルが作成されますが、実はそのコントローラーに対応するビューも同時に生成されます。

今回は「blogs_controller.rb」を生成したので、「views」ディレクトリの直下に「blogs」ディレクトリが生成されています。確認してみてください。

続いて、作成された「app/controller/blogs_controller.rb」を開くと、次のように記述されているはずです。

```
001    class BlogsController < ApplicationController
002    end
```

1行目と2行目の間に次の2行を追加します。

```
  def index
  end
```

すると、次のようになります。

```
001    class BlogsController < ApplicationController
002      def index
003      end
004    end
```

入力できたら、macOSではCommand＋「S」キー、WindowsではCtrl＋「S」キーを押して、保存しておきます。

このコントローラーの中で定義されたメソッドを「アクション」と呼び、それぞれのアクションにビューが対応します。つまり、それぞれのコントローラーのアクションと、それぞれの「アクション名.html.erb」が対応します（詳細は後述）。

77

具体的にいうと、「BlogsController」の「def index ~ end」（indexアクション）と、後ほど作成する「app/views/blogs/index.html.erb」が対応します。

コントローラー生成時にスペルミスをしたとき

　コントローラーを生成するときにスペルミスした場合は、コマンドで不要なものを削除します。「rails g」で生成されたものは「rails d」で削除できるのです。なお、「d」は「destroy」の省略形です。

```
rails d controller Blogs

Running via Spring preloader in process 1814
      remove   app/controllers/blogs_controller.rb
      invoke   erb
      remove    app/views/blogs
      invoke   test_unit
      remove    test/controllers/blogs_controller_
test.rb
      invoke   helper
      remove    app/helpers/blogs_helper.rb
      invoke    test_unit
      invoke   assets
      invoke    coffee
      remove     app/assets/javascripts/blogs.
coffee
      invoke    scss
      remove     app/assets/stylesheets/blogs.
scss
```

このようにターミナルに出力され、「rails g」で生成されたファイル
などが削除されます。スペルミスをした場合は、「rails d」で取り消し
て、再度「rails g」でファイルなどを生成するといいでしょう。

追加したアクション名と対応するページを作成する

先ほど「BlogsController」でindexアクションを追記したので、それに
対応するビューを作成します。

「app/views/blogs/」を右クリックして「New File」を選択します（図
2-3-2）。

▼図2-3-2

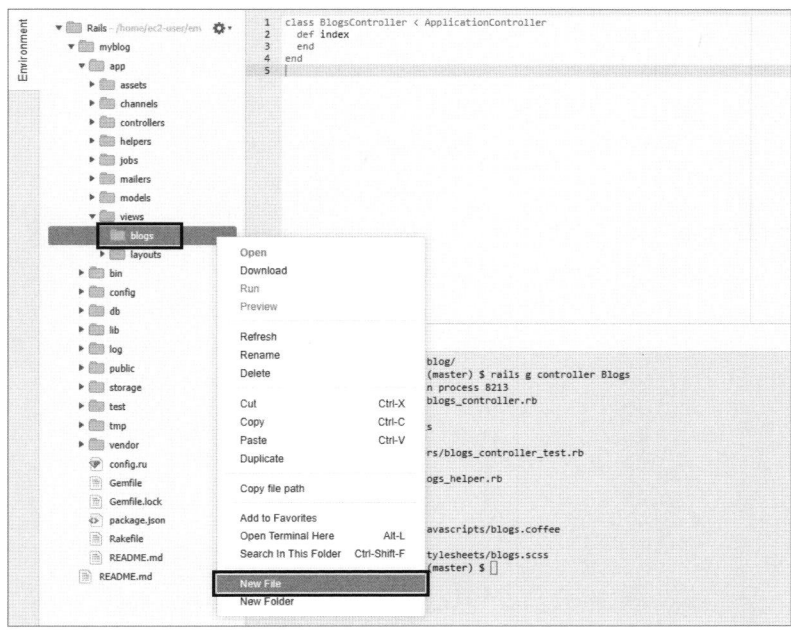

そして、ファイル名を「index.html.erb」とします（図2-3-3）。

▼図2-3-3

次に、「app/views/blogs/index.html.erb」を開いて、次のように記述します。

```
001    <h1>こちらはindexのページです。</h1>
```

記述できたら、macOSではCommand＋「S」キー、WindowsではCtrl＋「S」キーを押して保存しておきます（図2-3-4）。

▼図2-3-4

URLとコントローラーを紐づける設定を行う

　次に、ルートを設定します。ユーザーがブラウザを使って、指定のURLでWebサーバーにアクセスしたとき、そのアクセスに対応するコントローラーとアクションを紐づける設定を行います。

　コントローラー（blogs_controller.rb）のアクション名（index）とビューの「app/views/blogs/index.html.erb」は紐づいているので、ユーザーがブラウザでWebサーバーにアクセスしたとき、対応するビューを表示させられます。詳しくは、第4章で解説します。

　では、ルートを設定するために「config/routes.rb」を開きます。

```
001   Rails.application.routes.draw do
002     # For details on the DSL available within this
        file...(省略)
003   end
```

　Rubyでは「#」はプログラムに関係ないコメントを表すので、2行目は削除します。代わりに、次のコードを記述します。

```
002   get 'blogs', to: 'blogs#index'
```

　すると、次のようになります。

```
001   Rails.application.routes.draw do
002     get 'blogs', to: 'blogs#index'
003   end
```

　確認できたら、macOSではCommand＋「S」キー、WindowsではCtrl＋「S」キーを押して、保存しておきます（図2-3-5）。

CHAPTER 1
CHAPTER 2
CHAPTER 3
CHAPTER 4
CHAPTER 5

Ruby on Railsで作る！
はじめてのWebアプリケーション

81

▼図2-3-5

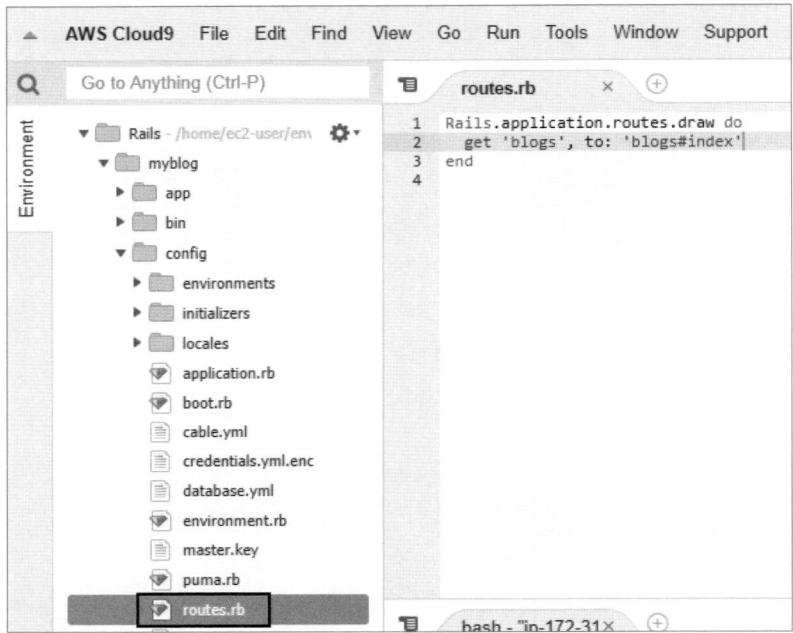

2行目の意味は、「/blogs」というURLでユーザーからアクセスがあっ
た場合、「blogs_controller.rb」の「indexアクション」が対応する、とい
う程度に理解しておいてください。詳しくは第4章と第5章で説明します
が、とりあえずここでは、「/blogs」とURLの末尾に入力したとき、「blogs
コントローラー」の「indexアクション」が対応する設定をした、と思っ
ておいてください。

では、Webサーバーを立ち上げて確認してみます。P72と同様に、「rails
s」を実行して、Webサーバーを立ち上げます（図2-2-4参照）。そして、
「Preview」タブから「Preview Running Application」をクリックし（図
2-2-5参照）、画面右上の矢印アイコンをクリックします（図2-2-6参照）。
すると、Ruby on Railsの最初のページが表示されます（図2-2-7参照）。

　ここで、ブラウザのURLが表示されている欄に「blogs」と追記しましょう（図2-3-6）。

▼**図2-3-6**

　上のように表示されていれば、問題なく実装できています。
　Webサーバーを停止させたいときは、Ctrl＋「C」を押しましょう。

レイアウトの構成を理解しよう

ビューの全体像を理解しよう

まず、HTMLの構成について、簡単に解説しておきます。HTMLは、次のように記述されます。

```
001    <!DOCTYPE html>
002    <html>
003        <head>
004
005        </head>
006        <body>
007
008        </body>
009    </html>
```

1行目の「<!DOCTYPE html>」は、文書がHTMLで書かれていることをブラウザに認識させるため、最初に記述します。

3行目の「<head>」から5行目の「</head>」までは、メタ情報やWebページのタイトルなどを記述します。SEO対策などに必要な箇所です。なお、メタ情報とは、そのページに関連する情報や特徴などのことです。

6行目の「<body>」から8行目の「</body>」は、主にブラウザで表示できるものを記述します。通常、Webサイトをブラウザで表示すると、6行目から8行目の間に記述されたものを見ていることになります。

さて、ここでWebサイトのレイアウトを考えてみましょう。

それぞれのページのデザインや、枠組みの色・形式がまったく異なっ

ていると、統一感のないWebサイトになってしまいます。Webサイト内のレイアウトは、なるべく統一感のあるデザインにしたほうが、ユーザーにとって見やすいサイトになります。

しかし、共通するレイアウトをそれぞれのページで編集すると、共通するレイアウト部分を変更したいとき、すべてのページで変更する必要があります。すると、手間がかかるうえに、意図しないミスを誘発する可能性が出てきます。できれば、共通するレイアウトは一度変更するだけで、それぞれのページに反映されるようにしたいものです。

また、Ruby on Railsの「哲学」である「DRY (Don't Repeat Yourself)」という考え方に照らし合わせても、それぞれのページに同じ記述をすることは好ましいとはいえません。

したがって、Ruby on Railsには共通するレイアウトを繰り返し編集しなくても済むように、共通テンプレートが用意されているのです。これにより、Ruby on Railsでは、共通するレイアウトを比較的容易に作成することができます。

このレイアウトの構成を理解するため、これからRuby on Railsのビューの全体像を解説していくことにします。

Ruby on Railsに「app/views/layouts/application.html.erb」という、統一したレイアウトの枠組みを記述するテンプレートが備わっています。そのテンプレートをテキストエディタで開いてみましょう。

次のように記述されているはずです。これがmyblogアプリケーションの統一されたレイアウトです。

```
001    <!DOCTYPE html>
002    <html>
003      <head>
004        <title>Myblog</title>
005        <%= csrf_meta_tags %>
006        <%= csp_meta_tag %>
```

85

007	
008	`    <%= stylesheet_link_tag    'application',` `media: 'all',  'data-turbolinks-track': 'reload' %>`
009	`    <%= javascript_include_tag 'application',` `'data-turbolinks-track': 'reload' %>`
010	`  </head>`
011	
012	`  <body>`
013	`    <%= yield %>`
014	`  </body>`
015	`</html>`

　まず、4行目には「rails new」コマンドで作成したプロジェクト名が入っています。

　また、Ruby on Railsのビューでの表示は、13行目「<%= yield %>」に、それぞれのファイルが読み込まれて表示されます。つまり、どのファイルの表示も「<%= yield %>」に読み込まれた部分以外は同じ表示になります。

　このような仕組みから、「app/views/layouts/application.html.erb」をコーディングすることにより、統一されたレイアウトを編集することができます。

　前節の例では、「/blogs」とURLでリクエストされたときには、「blogs/index.html.erb」のファイルの中に書き込んだ、次のコードが「<%= yield %>」に埋め込まれて表示されます。

```
<h1>こちらはindexのページです。</h1>
```

　全体像を見ると、「/blogs」とURLでリクエストされたときには「blogs/index.html.erb」は次のようになります。

001	`<!DOCTYPE html>`
002	`<html>`

003	`<head>`
004	`  <title>Myblog</title>`
005	`  <%= csrf_meta_tags %>`
006	`  <%= csp_meta_tag %>`
007	
008	`  <%= stylesheet_link_tag    'application', media: 'all', 'data-turbolinks-track': 'reload' %>`
009	`  <%= javascript_include_tag 'application', 'data-turbolinks-track': 'reload' %>`
010	`  </head>`
011	
012	`  <body>`
013	`    <%= yield  %>`
014	`  </body>`
015	`</html>`

ここに「blogs/index.html.erb」のコードが入る。

　まとめると、「<%= yield %>」以外の部分については、コントローラーのほかのアクションと紐付けられたテンプレートでも、同じレイアウトになります（図2-4-1）。

Ruby on Railsで作る！
はじめてのWebアプリケーション

▼図2-4-1 共通レイアウトの仕組み

app/views/layouts/application.html.erb

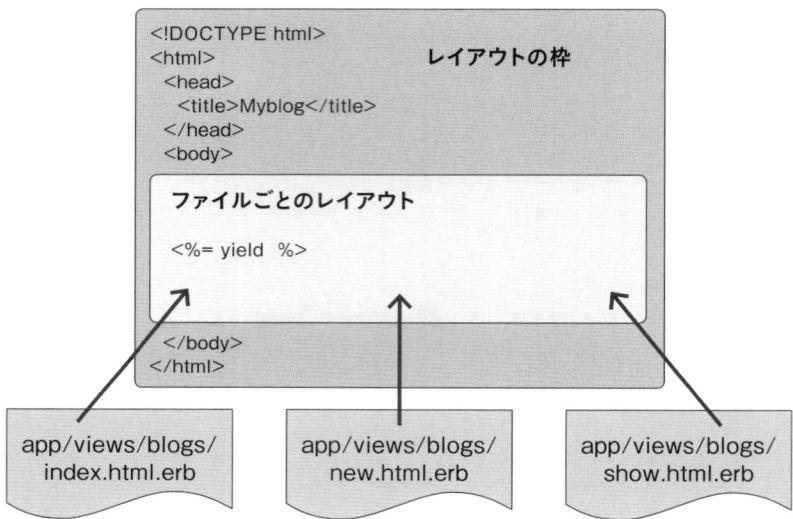

レイアウトの枠はすべてのファイルに共通で、個別のレイアウト
の部分はファイルごとに異なる。

それでは、「app/views/blogs/index.html.erb」のページをさらに編集
します。「app/views/blogs/index.html.erb」を開くと、次のようになっ
ているはずです。

```
001    <h1>こちらはindexのページです。</h1>
```

これを次のように修正します。

```
001    <h1>ブログ一覧</h1>
002
003    <ul>
004      <li>おはよう!!</li>
005      <li>こんにちは!!</li>
```

006	`<li>こんばんは!!</li>`
007	`<li>おやすみなさい!!</li>`
008	`</ul>`

図2-4-2のように表示されます。

▼図2-4-2

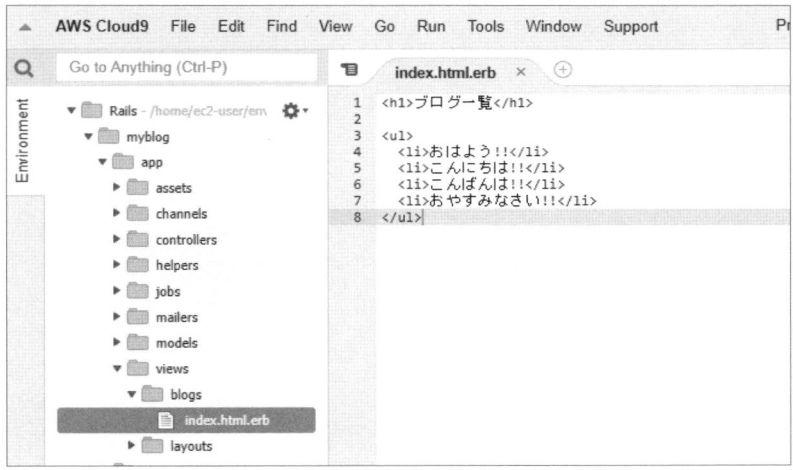

　入力できたら、macOSではCommand＋「S」キー、WindowsではCtrl
＋「S」キーを押して、保存しておきます。

　次に、Webサーバーを立ち上げて確認します。以下のコマンドをター
ミナルで実行します。

```
rails s
```

　[Preview] タブから [Preview Running Application] をクリックし、画
面右上の矢印アイコンをクリックします。そして、ブラウザに表示され
たら、アドレスバーのURLの末尾に「blogs」を追記してEnterキーを押
します。すると、図2-4-3のような画面が表示されます。

▼**図2-4-3**

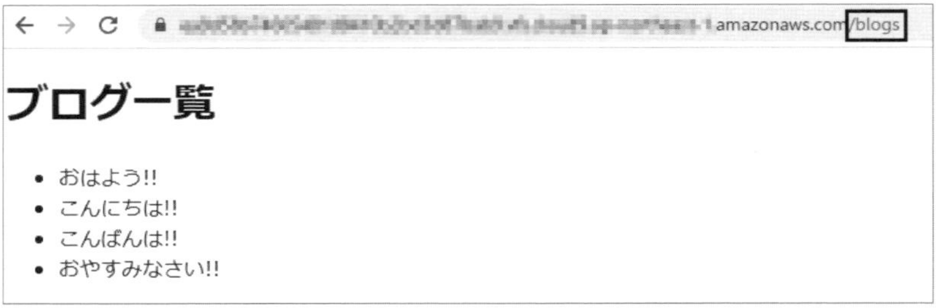
amazonaws.com/blogs
ブログ一覧
おはよう!!
こんにちは!!
こんばんは!!
おやすみなさい!!

このような画面が表示されればOKです。

Webサーバーを停止させたいときは、Ctrl+「C」を押しましょう。

Column

<head>と</head>の間にある、ほかのタグについて

P86のコードでは、<head>と</head>の間にすでに解説したタグ以外にも、いくつかのタグが挿入されています。ここでは、その中から知っておくべきタグについて取り上げます。

8行目から9行目までは、Ruby on Railsが提供するCSSとJavaScriptのタグを生成すると理解しておけばいいでしょう。

8行目「'data-turbolinks-track': 'reload'」は、ページ遷移のとき、前回遷移したときからCSSとJavaScriptが修正された場合に、Turbolinksによらず、もう一度リロードするという意味です。Turbolinksとは、ブラウザがCSSやJavaScriptを取得し直す手間を省き、ページ遷移を高速化するライブラリです。前回遷移したときと同じCSSやJavaScriptなら、ブラウザがあえて再取得しないことによって高速化します。

ヘッダーを編集してみよう

次に、ヘッダーを編集します。

もう一度「app/views/layouts/application.html.erb」の中身を見て、レイアウトの構成を確認します。

```
001   <!DOCTYPE html>
002   <html>
003     <head>
004       <title>Myblog</title>
005       <%= csrf_meta_tags %>
006       <%= csp_meta_tag %>
007
008       <%= stylesheet_link_tag    'application',
      media: 'all', 'data-turbolinks-track': 'reload' %>
009       <%= javascript_include_tag 'application',
      'data-turbolinks-track': 'reload' %>
010     </head>
011
012     <body>
013       <%= yield %>
014     </body>
015   </html>
```

13行目の「<%= yield %>」の部分だけが、それぞれのコントローラーのアクションと紐付けられたビューごとに埋め込まれて表示されることは説明しました（P87参照）。つまり、「<%= yield %>」以外の部分は、原則としてすべてのページで共通です。

この特性を生かして、ヘッダーを編集します。

ヘッダーとは、<body>タグの中でWebページの上部に表示されるものです。ほとんどの場合、ほかのページへのリンクなど、すべてのページに共通することを記述します。そのため、ヘッダーは、コントローラーのアクションと紐付けられた、それぞれのテンプレートに記述するより

も、統一したレイアウトの枠組みを記述するテンプレートである「app/views/layouts/application.html.erb」に記述するほうがよいのです。

ヘッダーは、<body>と</body>の間に<header>タグを挿入します。

「app/views/layouts/application.html.erb」を開いて、次のように編集します。

```
001  <!DOCTYPE html>
002  <html>
003    <head>
004      <title>Myblog</title>
005      <%= csrf_meta_tags %>
006      <%= csp_meta_tag %>
007
008      <%= stylesheet_link_tag    'application',
     media: 'all', 'data-turbolinks-track': 'reload' %>
009      <%= javascript_include_tag 'application',
     'data-turbolinks-track': 'reload' %>
010    </head>
011
012    <body>
013      <header>
014        ヘッダーが表示されます。
015      </header>
016      <%= yield %>
017    </body>
018  </html>
```

図2-4-4のようになっているかを確認しましょう。

▼図2-4-4

```
    application.html.‹×    +
1  <!DOCTYPE html>
2  <html>
3    <head>
4      <title>Myblog</title>
5      <%= csrf_meta_tags %>
6      <%= csp_meta_tag %>
7
8      <%= stylesheet_link_tag    'application', media: 'all', 'data-turbolinks-track': 'reload' %>
9      <%= javascript_include_tag 'application', 'data-turbolinks-track': 'reload' %>
10   </head>
11
12   <body>
13     <header>
14       ヘッダーが表示されます。
15     </header>
16     <%= yield %>
17   </body>
18 </html>
19
```

　編集できたら、macOSではCommand＋「S」キー、WindowsではCtrl＋「S」キーを押して、保存しておきます。

　そして、Webサーバーを立ち上げて確認します。次のコマンドをターミナルで実行します。

```
rails s
```

　[Preview] タブから [Preview Running Application] をクリックし、画面右上の矢印アイコンをクリックします。そして、ブラウザに表示されたら、アドレスバーのURLの末尾に「blogs」を追記してEnterキーを押します。すると、図2-4-5のような画面が表示されます。

▼図2-4-5

ヘッダーが表示されます。

ブログ一覧

- おはよう!!
- こんにちは!!
- こんばんは!!
- おやすみなさい!!

Webサーバーを停止させたいときは、Ctrl＋「C」を押しましょう。

では、本格的にヘッダーを編集していきます。ここまでのところ、「app/views/layouts/application.html.erb」は次のようになっています。

```
012    <body>
013      <header>
014        ヘッダーが表示されます。
015      </header>
016      <%= yield %>
017    </body>
```

上に挙げたコードを次のように変更します。

```
012    <body>
013      <header>
014        ホーム　　プロフィール　　　お問い合わせ
015      </header>
016      <%= yield %>
017    </body>
```

図2-4-6のようになっているかを確認しましょう。

▼**図2-4-6**

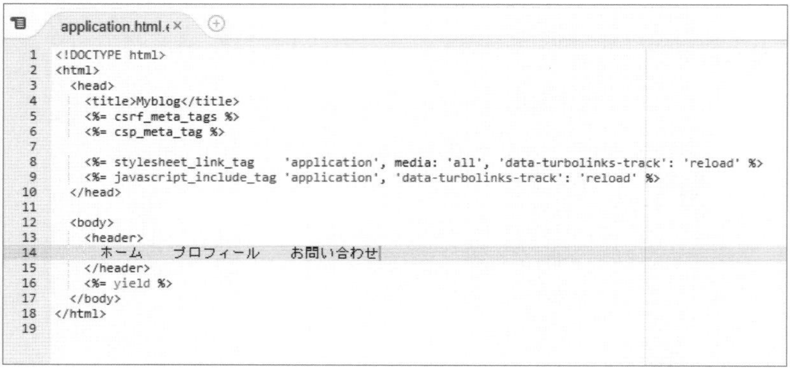

```
     application.html.e ×   (+)
 1   <!DOCTYPE html>
 2   <html>
 3     <head>
 4       <title>Myblog</title>
 5       <%= csrf_meta_tags %>
 6       <%= csp_meta_tag %>
 7
 8       <%= stylesheet_link_tag    'application', media: 'all', 'data-turbolinks-track': 'reload' %>
 9       <%= javascript_include_tag 'application', 'data-turbolinks-track': 'reload' %>
10     </head>
11
12     <body>
13       <header>
14         ホーム　　プロフィール　　　お問い合わせ|
15       </header>
16       <%= yield %>
17     </body>
18   </html>
19
```

編集できたら、macOSではCommand＋「S」キー、WindowsではCtrl
＋「S」キーを押して、保存しておきます。

そして、Webサーバーを立ち上げて確認します。次のコマンドをター
ミナルで実行します。

```
rails s
```

[Preview] タブから [Preview Running Application] をクリックし、画
面右上の矢印アイコンをクリックします。そして、ブラウザに表示され
たら、アドレスバーのURLの末尾に「blogs」を追記してEnterキーを押
します。すると、図2-4-7のような画面が表示されます。

▼図2-4-7

Webサーバーを停止させたいときは、Ctrl＋「C」を押しましょう。

これだけではちょっと味気ないので、CSSを編集してヘッダー部分の
背景色を変えてみます。「app/assets/stylesheets/」の下に「blogs.scss」
というファイルがあるので、開いて次のコードを追記します。

```
001   header {
002     background-color: yellow;
003     padding: 10px;
004   }
```

図2-4-8のようになっているかを確認しましょう。

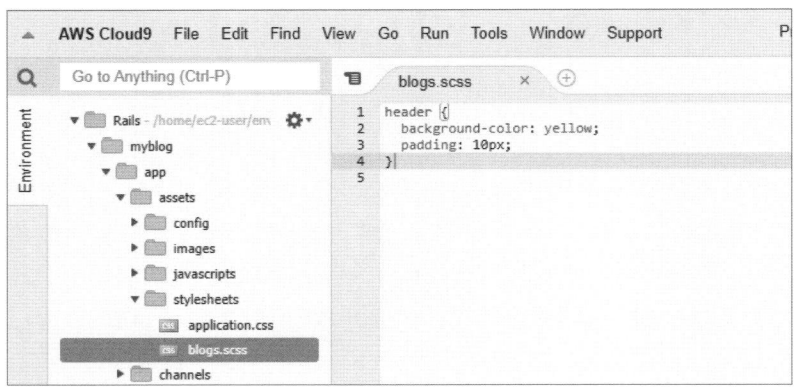

　編集できたら、macOSではCommand＋「S」キー、WindowsではCtrl
＋「S」キーを押して、保存しておきます。
　次に、Webサーバーを立ち上げて確認します。以下のコマンドをター
ミナルで実行します。

```
rails s
```

　[Preview] タブから [Preview Running Application] をクリックし、画
面右上の矢印アイコンをクリックします。そして、ブラウザに表示され
たら、アドレスバーのURLの末尾に「blogs」を追記してEnterキーを押
します。すると、図2-4-9のような画面が表示されます。

▼図2-4-9

　このような画面が表示されればOKです。ヘッダーの部分のみ、背景色が「yellow」になっています。また、「padding: 10px;」により「ホーム」などの文字列の外側に余白ができています。

　Webサーバーを停止させたいときは、Ctrl＋「C」を押しましょう。

Column

Ruby on RailsにおけるCSS

　コントローラーを生成するときに「app/assets/stylesheets/」の下に「コントローラー名.scss」というファイルが自動生成されます。ここでは、blogsコントローラーなので、「app/assets/stylesheets/blogs.scss」というファイルが生成されましたが、これから多くのコントローラーを生成すると、それに伴って「コントローラー名.scss」というファイルが増えてきます。

　しかし、CSSで記述する場合、どの「.scss」ファイルに記述しても、タグが同じであるなら、すべてのページで反映されてしまいます。

フッターを編集してみよう

　ヘッダーと同じように、フッターを編集してみます。基本的な考え方
は、ヘッダーと同じです。

　フッターとは、<body>タグの中でWebページの下部に表示されるも
のです。ヘッダーと同じように、ほかのページへのリンクも記述します
が、一般的にはサイトを書いた人や団体など著作権に関することを表示
することが多いです。また、ヘッダー同様、ほとんどの場合、すべての
ページに共通することを書きます。

　つまり、フッターも「app/views/layouts/application.html.erb」に記述
するのが適切だといえます。

　ここでは、次のように「app/views/layouts/application.html.erb」に追
記します。

012	`<body>`
013	`  <header>`
014	`    ホーム　　プロフィール　　お問い合わせ`
015	`  </header>`
016	
017	`  <%= yield %>`
018	
019	`  <footer>`
020	`    Copyright © 知識ゼロからのRuby on Rails All Rights Reserved.`
021	`  <footer>`
022	`</body>`

図2-4-10のようになっているかを確認しましょう。

▼図2-4-10

```
    application.html. ×   ⊕
1   <!DOCTYPE html>
2   <html>
3     <head>
4       <title>Myblog</title>
5       <%= csrf_meta_tags %>
6       <%= csp_meta_tag %>
7
8       <%= stylesheet_link_tag    'application', media: 'all', 'data-turbolinks-track': 'reload' %>
9       <%= javascript_include_tag 'application', 'data-turbolinks-track': 'reload' %>
10    </head>
11
12    <body>
13      <header>
14        ホーム      プロフィール      お問い合わせ
15      </header>
16
17      <%= yield %>
18
19      <footer>
20        Copyright © 知識ゼロからのRuby on Rails All Rights Reserved.
21      <footer>
22    </body>
23  </html>
24
```

　編集できたら、macOSではCommand＋「S」キー、WindowsではCtrl
＋「S」キーを押して、保存しておきます。

　次に、Webサーバーを立ち上げて確認します。以下のコマンドをター
ミナルで実行します。

```
rails s
```

　[Preview] タブから [Preview Running Application] をクリックし、画
面右上の矢印アイコンをクリックします。そして、ブラウザに表示され
たら、アドレスバーのURLの末尾に「blogs」を追記してEnterキーを押
します。すると、図2-4-11のような画面が表示されます。

このような画面が表示されればOKです。ヘッダーの部分のみ、背景色が「yellow」になっています。

Webサーバーを停止させたいときは、Ctrl＋「C」を押しましょう。

次に、ヘッダーと同じように、背景色の変更や文字の中央寄せをやってみましょう。「app/assets/stylesheets/blogs.scss」を開いて、次のように変更します。

```
001   header {
002     background-color: yellow;
003     padding: 10px;
004   }
005
006   footer {
007     background-color: skyblue;
008     text-align: center;
009   }
```

図2-4-12のようになっているかを確認しましょう。

▼図2-4-12

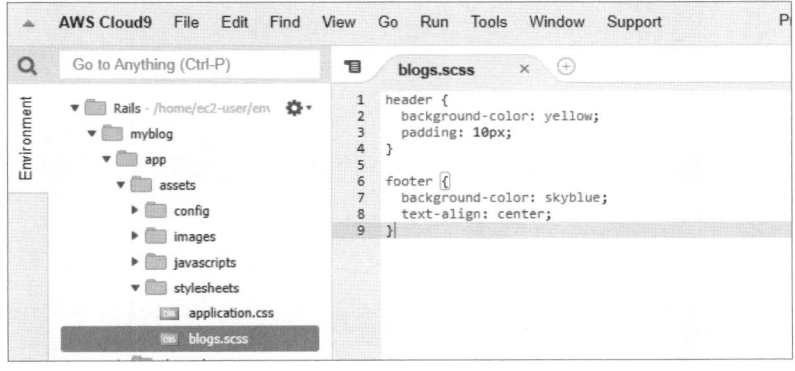

編集できたら、macOSではCommand＋「S」キー、WindowsではCtrl＋「S」キーを押して、保存しておきます。

そして、Webサーバーを立ち上げて確認します。以下のコマンドをターミナルで実行します。

```
rails s
```

[Preview] タブから [Preview Running Application] をクリックし、画面右上の矢印アイコンをクリックします。そして、ブラウザに表示されたら、アドレスバーのURLの末尾に「blogs」を追記してEnterキーを押します。すると、図2-4-13のような画面が表示されます。

Ruby on Railsで作る！
はじめてのWebアプリケーション

▼図2-4-13

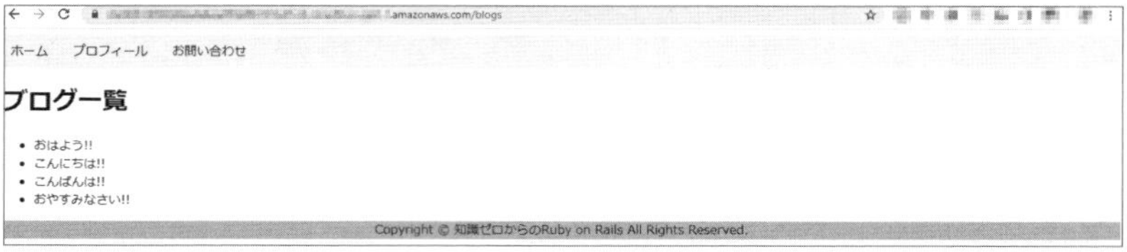

フッターの部分は、背景色が「skyblue」になっていて、文字が中央に並んでいます。

Webサーバーを停止させたいときは、Ctrl＋「C」を押しましょう。

経路のまとめ

ではここで、経路の流れを簡単にまとめてみます。

Webサーバーを立ち上げて、URLの末尾に「/blogs」と入力すると、Webサーバーにあるmyblogアプリケーションの「config/routes.rb」に「get 'blogs', to: 'blogs#index'」と記述されているので、「blogs_controller.rb」の「indexアクション」が対応します。「blogs_controller.rb」の「indexアクション」は「app/views/blogs/index.html.erb」と対応しているので、「app/views/blogs/index.html.erb」の内容がWeb上で表示されることになります（図2-4-14参照）。

▼図2-4-14　経路の流れ

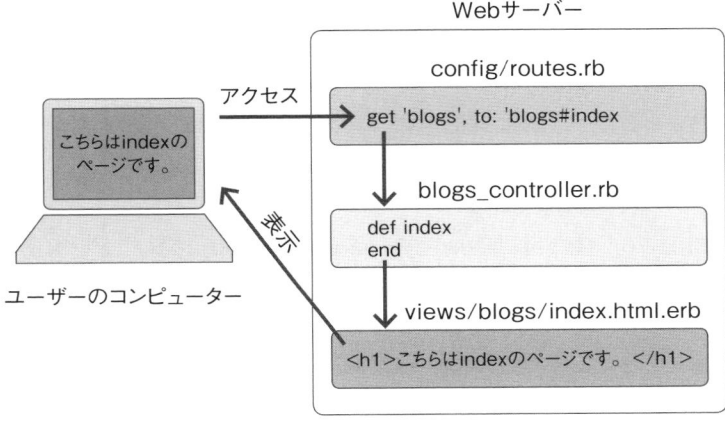

ユーザーがコンピューターからアクセスする
とき、URLの末尾に「/blogs」を追記する。

　次に、共通レイアウトについてまとめておきます。

　図2-4-1（P88参照）のように「app/views/blogs/index.html.erb」や
「app/views/blogs/new.html.erb」や「app/views/blogs/show.html.
erb」がWeb上で表示されることになっても、それは「app/views/layouts/
application.html.erb」の「<%= yield %>」の部分に「app/views/blogs/
index.html.erb」や「app/views/blogs/new.html.erb」、「app/views/
blogs/show.html.erb」がそれぞれ埋め込まれて表示されます。そのため、
これらのファイルのレイアウトの枠は「app/views/layouts/application.
html.erb」に記述されたものが、それぞれ共通して表示されます。

「app/views/layouts/application.html.erb」に、
それぞれのファイルが読み込まれているんですね！

そうなんだ。だからビューの枠組みは
統一できるようになっているんだよ

- Ruby on Railsは、RubyでのWebアプリケーション開発のフレームワークである
- フレームワークには最低限のプログラムの処理などが準備されているため、開発者はコードを記述することに集中することができ、開発効率が上がる
- Ruby on Railsは「Don't Repeat Yourself」(同じことを繰り返さない)、「Convention over Configuration」(設定より規約)という哲学で設計されている
- Ruby on Railsでアプリケーションを作成するときに最初のコマンドは「rails new [アプリ名]」である
- コントローラーで設定したアクション名とビューの「アクション名.html.erb」が対応する

「config/routes.rb」に記述した「get 'blogs', to: 'blogs#index'」

- URLの末尾に「/blogs」と追記してWebサーバーにアクセスしたとき、blogsコントローラーのindexアクションが対応する
- 結果としてビューの「blogs/index.html.erb」が表示される

ビューの「layouts/application.html.erb」

- 共通化されたレイアウトである
- コードの中の「<%= yield %>」のところにそれぞれ表示したいビューが埋め込まれる

Webアプリケーションの
仕組みを知ろう

前章でRuby on Railsの概要を解説しました。続く本章では、そも
そもWebアプリケーションとはどのようなものなのかを知ってもらうた
め、Webアプリケーションの全体像と関連する用語を学びます。そ
れに加えて、インターネット上でコンピューターを識別するためのIPア
ドレス、IPアドレスを利用したインターネット通信の構造、URLの仕
組みなどについても簡単に学びます。

Section 01 Webアプリケーションとは何か

Webアプリケーションの概要

　Webアプリケーションとは、インターネットを通じてWebブラウザ上で使用するソフトウェアです。ユーザーはWebブラウザ上でWebアプリケーションを操作することができます。

　Webアプリケーションを操作するということは、たとえばFacebookやTwitterなどのSNSで記事を見たり、投稿したり、編集したり、削除したりすることを指します。ユーザーはこれらの操作をインターネットを介して自分のブラウザ上で行うことができます。

　具体的な動作を、前章で作成したmyblogアプリケーションで図解してみましょう。

1. **ユーザーがWebブラウザ上で「自分やほかのユーザーが投稿した記事を表示する」という操作を行う（図3-1-1）**

▼**図3-1-1 myblogアプリケーションで記事を表示する**

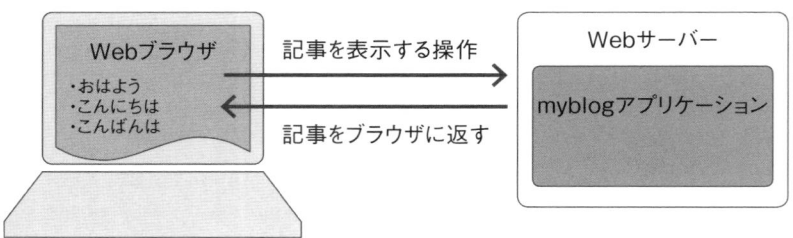

2. ユーザーがWebブラウザ上で「自分の記事を投稿する」という操作
   を行う（図3-1-2）

▼図3-1-2　myblogアプリケーションで記事を投稿する

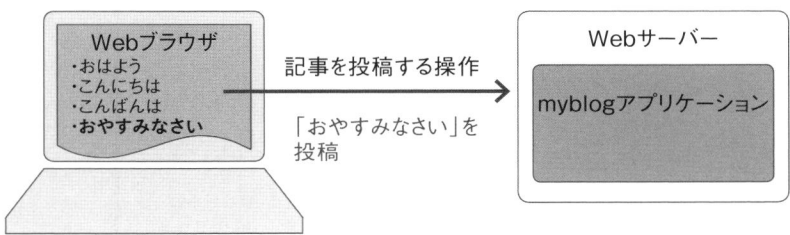

3. ユーザーがWebブラウザ上で「自分の投稿した記事を編集する」と
   いう操作を行う（図3-1-3）

▼図3-1-3　myblogアプリケーションで記事を編集する

CHAPTER 1

CHAPTER 2

CHAPTER 3

CHAPTER 4

CHAPTER 5

Webアプリケーションの仕組みを知ろう

4. ユーザーがWebブラウザ上で「自分の投稿した記事を削除する」という操作を行う（図3-1-4）

▼図3-1-4　myblogアプリケーションで記事を削除する

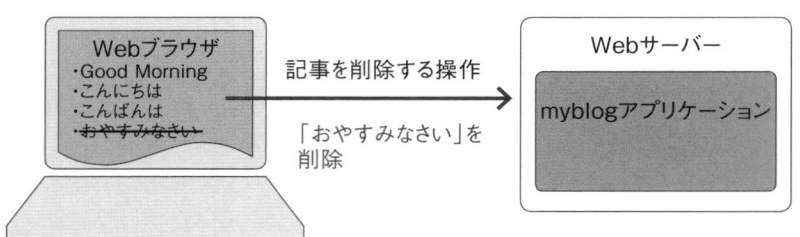

　ユーザーがWebブラウザで操作を行うことにより、Webサーバーの中にあるアプリケーションの対象部分を変更できることがわかるでしょう。

　すなわち、ユーザーはWebアプリケーションである「myblogアプリケーション」を使うことによって、ブラウザを経由して記事を「表示する」「投稿する」「編集する」「削除する」といった操作を、Webサーバーの中にあるWebアプリケーションに対してリクエストすることができます。
　このとき、記事を「表示する」「投稿する」「編集する」「削除する」といった、ユーザーによる操作のリクエストを「HTTPリクエスト」といい、それに対するWebサーバーからの応答を「HTTPレスポンス」といいます。

Web上で扱うことができるアプリケーションには、ほかにどういったものがありますか？

Web上で扱うオンラインショッピングシステムや予約管理システムなども、Webアプリケーションってことになるね

HTTPとは何か

HTTPリクエストやHTTPレスポンスとはどういうことなのかを次に説明しますが、その前に「HTTP」について解説しておきましょう。

HTTPとは「HyperText Transfer Protocol」の略で、Webブラウザと Webサーバー間でHTML（Hyper Text Markup Language）での情報のやりとりをするときに使われる通信手段（プロトコル）です。

ホームページのURLでは、最初が必ず「http://」となっていますが、この「http」の部分で「プロトコルをHTTPにします」と宣言しているのです。簡単にいえば、HTTPはWeb上でWebブラウザとWebサーバーが通信するための手段だと理解しておいてください。

このようなプロトコルがあるからこそ、私たちは自分のWebブラウザから簡単に対象のWebサーバー（Webアプリケーション）へアクセスできるのです。

HTTPリクエストとHTTPレスポンス

HTTPリクエストとは、ユーザー自身のWebブラウザで、Webサーバー（の中のWebアプリケーション）に対して、自分がやりたい処理のリクエストを行うことをいいます。すでに挙げた例では、記事を「表示する」「投稿する」「編集する」「削除する」がHTTPリクエストにあたります。

一方、HTTPレスポンスとは、これらのリクエストに対して、Webサーバー（の中のWebアプリケーション）から送られてくる応答のことです。

では、HTTPリクエストとHTTPレスポンスのことを加味して、先ほどの図3-1-1～図3-1-4をもう少し詳しく説明します。

ユーザーは自分のWebブラウザでWebサイトにアクセスする、すなわちWebブラウザを使ってHTTPリクエストをWebサーバーへ送ると、 myblogアプリケーションはそのリクエスト内容に応じてデータベースと

CHAPTER 1
CHAPTER 2
CHAPTER 3
CHAPTER 4
CHAPTER 5

Webアプリケーションの仕組みを知ろう

の間でやりとりを始めます。これは、ユーザーが要求しているデータ（ここでは記事）がデータベースに保存されているからです。このデータベースについては次章で説明します。

　まず、記事を「表示する」場合の流れを説明しましょう（図3-1-5）。投稿した記事を「表示する」というHTTPリクエストをWebサーバーに送ると、それを受けてmyblogアプリケーションはデータベースへ問い合わせます。データベースからデータを渡されたmyblogアプリケーションは、ブラウザで表示することができるように、HTMLやCSSなどを使ってデータを加工し、Webサーバーを通じてユーザーのWebブラウザ（コンピューター）へ返します。これがHTTPレスポンスにあたります。

▼**図3-1-5　myblogアプリケーションで記事を表示するHTTPリクエストの流れ**

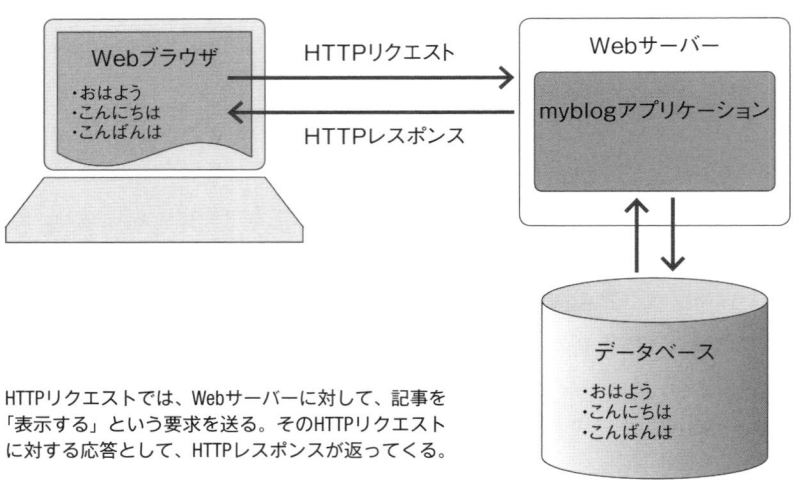

HTTPリクエストでは、Webサーバーに対して、記事を「表示する」という要求を送る。そのHTTPリクエストに対する応答として、HTTPレスポンスが返ってくる。

　では、次に記事を「投稿する」というHTTPリクエストをWebサーバーへ送る場合の流れを解説します（図3-1-6）。
　記事を「投稿する」というHTTPリクエストをWebサーバーへ送ると、

それを受けてmyblogアプリケーションはデータベースへ新規の記事を書き込むためのやりとりをします。

　たとえば、「おやすみなさい」という内容の記事の投稿をすると（これがHTTPリクエストです）、Webサーバーの中にあるmyblogアプリケーションはデータベースへ「おやすみなさい」という記事のデータを書き込むように、データベースとやりとりを行い、データベースへ「おやすみなさい」という記事を保存します。

▼図3-1-6　**myblogアプリケーションで記事を投稿するHTTPリクエストの流れ**

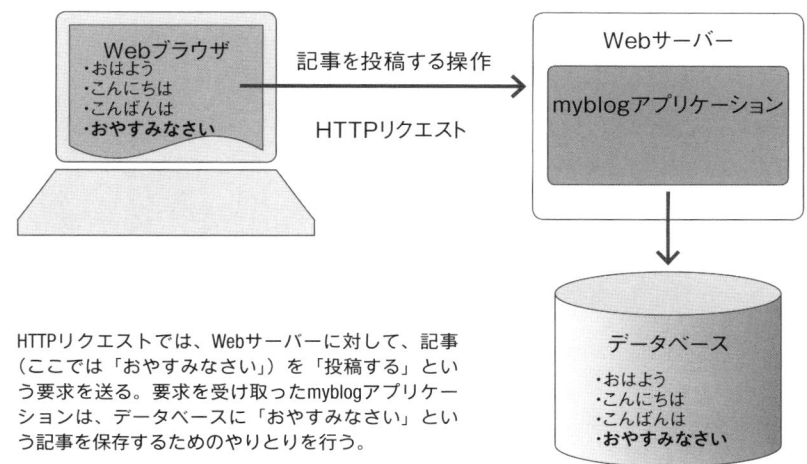

HTTPリクエストでは、Webサーバーに対して、記事（ここでは「おやすみなさい」）を「投稿する」という要求を送る。要求を受け取ったmyblogアプリケーションは、データベースに「おやすみなさい」という記事を保存するためのやりとりを行う。

　次に、記事を「編集する」というHTTPリクエストをWebサーバーへ送る場合の流れを解説します（図3-1-7）。

　記事を「編集する」というHTTPリクエストをWebサーバーへ送ると、それを受けてmyblogアプリケーションはデータベースとやりとりして記事を編集します。

　たとえば、「おはよう」という内容の記事を「Good Morning」という内容に変更しようとすると、Webサーバーの中にあるmyblogアプリケー

ションは「おはよう」という記事のデータを「Good Morning」という
記事へと更新して保存します。

▼図3-1-7　myblogアプリケーションで記事を編集するHTTPリクエストの流れ

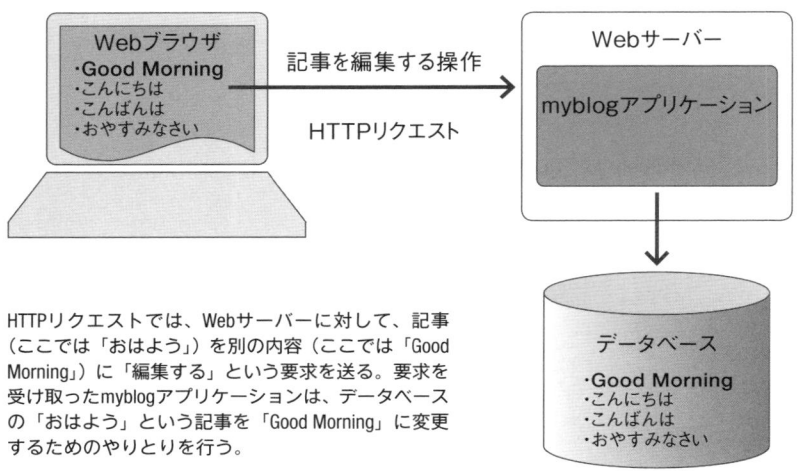

HTTPリクエストでは、Webサーバーに対して、記事
（ここでは「おはよう」）を別の内容（ここでは「Good
Morning」）に「編集する」という要求を送る。要求を
受け取ったmyblogアプリケーションは、データベース
の「おはよう」という記事を「Good Morning」に変更
するためのやりとりを行う。

　次に、記事を「削除する」というHTTPリクエストをWebサーバーへ
送る場合の流れを解説します（図3-1-8）。
　記事を「削除する」というHTTPリクエストをWebサーバーへ送ると、
それを受けてmyblogアプリケーションはデータベースとやりとりして、
該当の記事を削除します。
　たとえば、「おやすみなさい」という記事を削除しようとすると、Web
サーバーの中にあるmyblogアプリケーションは「おやすみなさい」とい
う記事のデータを削除するように、データベースとやりとりを行います。

▼図3-1-8　**myblogアプリケーションで記事を削除するHTTPリクエストの流れ**

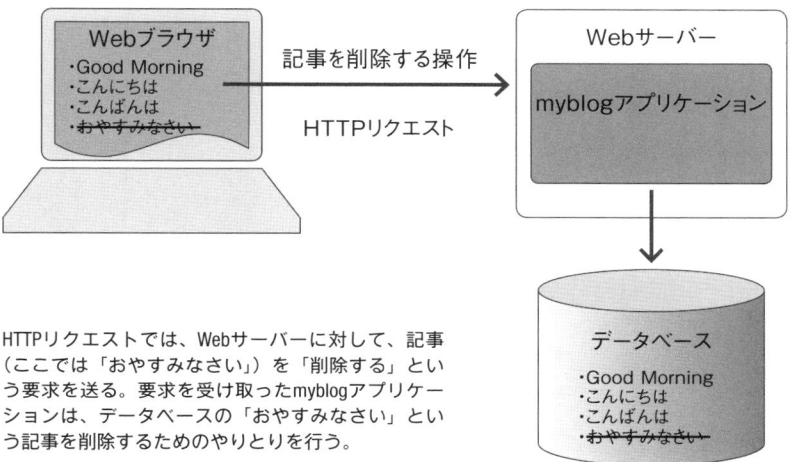

HTTPリクエストでは、Webサーバーに対して、記事（ここでは「おやすみなさい」）を「削除する」という要求を送る。要求を受け取ったmyblogアプリケーションは、データベースの「おやすみなさい」という記事を削除するためのやりとりを行う。

　このように、ユーザーはHTTPリクエストを通じてWebアプリケーション（ここではmyblogアプリケーション）を操作していることがわかります。これらの操作を「リソースの操作」といいます。

　次節ではこの操作の種類について詳しく説明していきます。

Webブラウザとシーバーの間の操作は
いろいろあるんですね……

いや、実は、記事を「表示する」「投稿する」「編集する」
「削除する」の4つがメインなんだよ

113

HTTPメソッドについて

HTTPメソッドとは

　前節では、HTTPはWeb上でWebブラウザとWebサーバーが通信するためのプロトコルであり、HTTPリクエストはWebサーバーに対して、ユーザー自身のWebブラウザで自分がやりたい処理を要求することであると説明しました。また、myblogアプリケーションの例を挙げ、記事を「表示する」「投稿する」「編集する」「削除する」という4つのリクエストについて解説しました。

　では、この4種類のリクエストをWebサーバーはどのように判別しているのでしょうか。実は、ユーザーは自分のブラウザ上でリクエストを行う場合、後述するHTTPメソッドのうち、どれかを利用しています。

　どのHTTPメソッドが使われているかによって、記事を「表示する」「投稿する」「編集する」「削除する」という4種類のリクエストのうち、どれであるかをWebサーバーが判断することができます。

　次に、ユーザーのリクエスト内容に対応する、4種類のHTTPメソッドについて説明します。

GETメソッド

　GETメソッドは、データなどを取得するメソッドです。データの取得は、リソースの取得ともいいます。たとえば、myblogアプリケーションでは「投稿されている記事を表示する」というHTTPリクエストがGETメソッドに該当します。

　ユーザーが指定したURLに対してGETメソッドでHTTPリクエストを行

うと、指定したURLの情報を取得することができます。Webブラウザに
URLを入力するか、あるいはWebページに張られたリンクをクリックし
て、そのURLのページを表示するのがこれにあたります。ほとんどのユー
ザーにとっては、もっとも多く利用するHTTPリクエストでしょう。

▼**図3-2-1　myblogアプリケーションで記事を表示するGETメソッドの流れ**

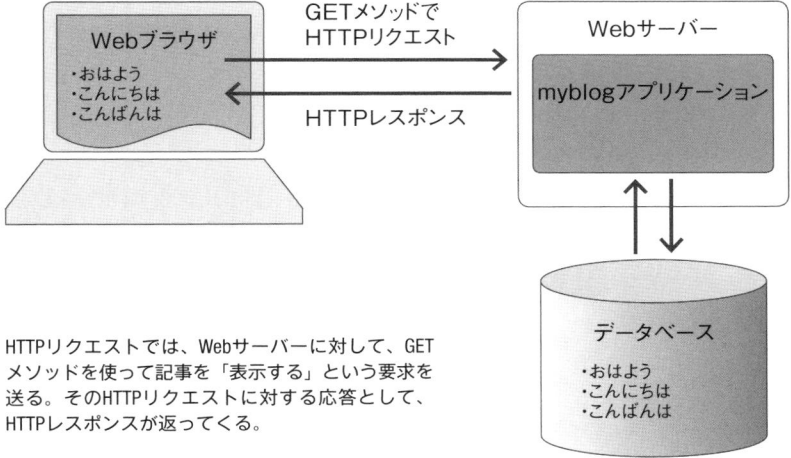

HTTPリクエストでは、Webサーバーに対して、GET
メソッドを使って記事を「表示する」という要求を
送る。そのHTTPリクエストに対する応答として、
HTTPレスポンスが返ってくる。

 これは単純にサイトを見るってことですか？

 そうだね、ほとんどのユーザーにとって利用す
る機会がもっとも多いHTTPメソッドだね

POSTメソッド

　POSTメソッドは、データなどを送信するメソッドです。データの送信は、リソースの新規作成ともいいます。たとえば、myblogアプリケーションでは「新しく記事を投稿する」というHTTPリクエストがPOSTメソッドに該当します。

　ユーザーが指定したURLに対してPOSTメソッドでHTTPリクエストを行うと、リソースの新規作成を実行できます。通常、Webアプリケーションでは、データベースと連携して新規データをデータベースに保存できます（P111参照）。

　たとえば、myblogアプリケーションでは、POSTメソッドで新しい記事を投稿する場合、まず記事を投稿するためのページへアクセスします。このとき、新しい記事を投稿するためのページを表示するので、リソースの取得が実行され、GETメソッドを利用します。そして、そのページで新しい記事を入力して、「投稿」ボタンをクリックします。そこで使われるのがPOSTメソッドです。

　このように、新しい記事を投稿する場合は、①新しい記事を投稿するためのページへアクセスする（GETメソッド）、②新しい記事を投稿する（POSTメソッド）、というHTTPリクエストの流れになっています（図3-2-2）。

**▼図3-2-2　myblogアプリケーションで新しい記事を投稿するPOSTメソッド
の流れ**

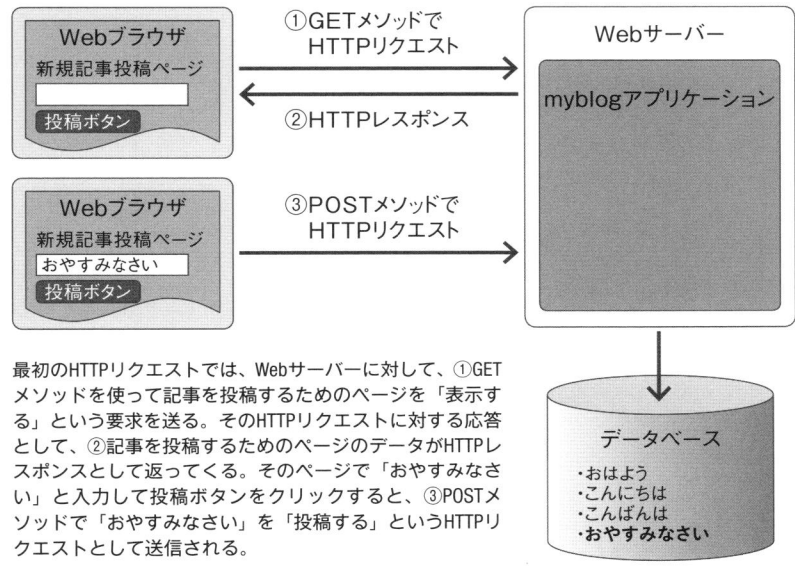

最初のHTTPリクエストでは、Webサーバーに対して、①GET
メソッドを使って記事を投稿するためのページを「表示す
る」という要求を送る。そのHTTPリクエストに対する応答
として、②記事を投稿するためのページのデータがHTTPレ
スポンスとして返ってくる。そのページで「おやすみなさ
い」と入力して投稿ボタンをクリックすると、③POSTメ
ソッドで「おやすみなさい」を「投稿する」というHTTPリ
クエストとして送信される。

　POSTメソッドの実装は、第5章で行います。

PATCHメソッドとPUTメソッド

　PATCHメソッドとPUTメソッドは、データなどを更新するメソッドと
理解しておきましょう。厳密にいえば、両者は区別されますが、Ruby
on Railsの学習上は両者は同じものだという認識でいいでしょう。これ
らのメソッドは、リソースの変更（更新）などに使われます。たとえば、
myblogアプリケーションでは「投稿した記事を変更する」というHTTP
リクエストに該当します。

　ユーザーが指定したURLに対してPATCHメソッドやPUTメソッドで
HTTPリクエストを行うとリソースを変更できます。

　この場合、POSTメソッドと同様、通常Webアプリケーションではデー

117

タベースと連携してデータの変更を行います。

　たとえば、myblogアプリケーションでは、PATCHメソッドとPUTメソッドで投稿済みの記事を変更する場合、まず投稿した記事を変更するページへアクセスします。このとき、記事を変更するためのページを表示するので、リソースの取得が実行され、GETメソッドを利用します。そして、そのページで記事を変更して、「更新」ボタンをクリックします。そこで使われるのが、PATCHメソッドとPUTメソッドです。

　このように、記事を変更する場合は、①記事を変更するためのページへアクセスする（GETメソッド）、②記事を変更する（PATCHメソッドとPUTメソッド）、というHTTPリクエストの流れになっています（図3-2-3）。

▼**図3-2-3　myblogアプリケーションで記事を変更するPATCHメソッド（PUTメソッド）の流れ**

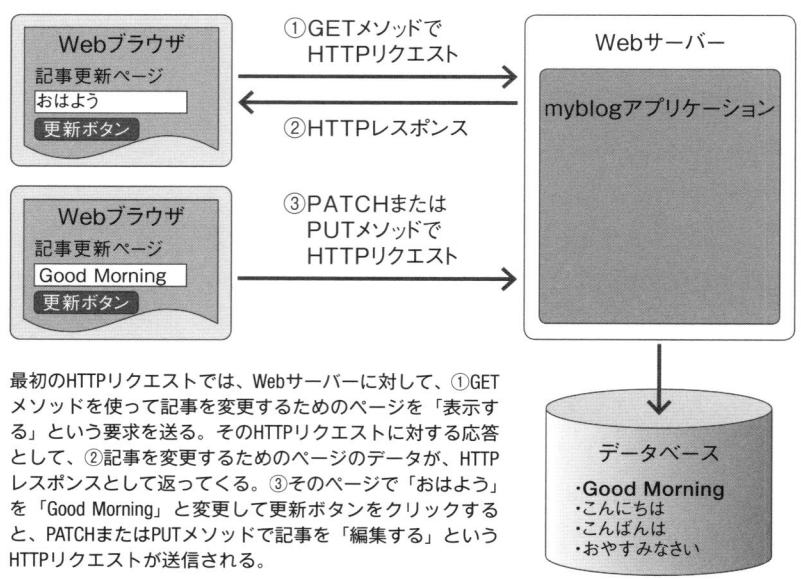

最初のHTTPリクエストでは、Webサーバーに対して、①GETメソッドを使って記事を変更するためのページを「表示する」という要求を送る。そのHTTPリクエストに対する応答として、②記事を変更するためのページのデータが、HTTPレスポンスとして返ってくる。③そのページで「おはよう」を「Good Morning」と変更して更新ボタンをクリックすると、PATCHまたはPUTメソッドで記事を「編集する」というHTTPリクエストが送信される。

本書では、このメソッドの実装は割愛します。

DELETEメソッド

DELETEメソッドは、データを削除するメソッドです。データの削除は、リソースの削除ともいいます。たとえば、myblogアプリケーションでは「投稿した記事を削除する」というHTTPリクエストがDELETEメソッドに該当します。

ユーザーが指定したURLに対してDELETEメソッドでHTTPリクエストを行うと、リソースの削除を実行できます。この場合、通常、Webアプリケーションでは、データベースと連携してデータの削除が行われます。

たとえば、myblogアプリケーションでは、投稿した記事を削除する場合、まず削除したい記事の詳細ページ（個別ページ）へアクセスします。このとき、投稿した記事の詳細ページを表示するので、リソースの取得が実行され、GETメソッドを利用します。そして、その記事の詳細ページから「削除」ボタンを押します。そこで使われるのが、DELETEメソッドです。

このように、投稿した記事を削除する場合は、①削除したい記事の詳細ページへアクセスする（GETメソッド）、②該当の記事を削除する（DELETEメソッド）、というようなHTTPリクエストの流れになっています（図3-2-4）。

▼図3-2-4　myblogアプリケーションで記事を削除するDELETEメソッドの流れ

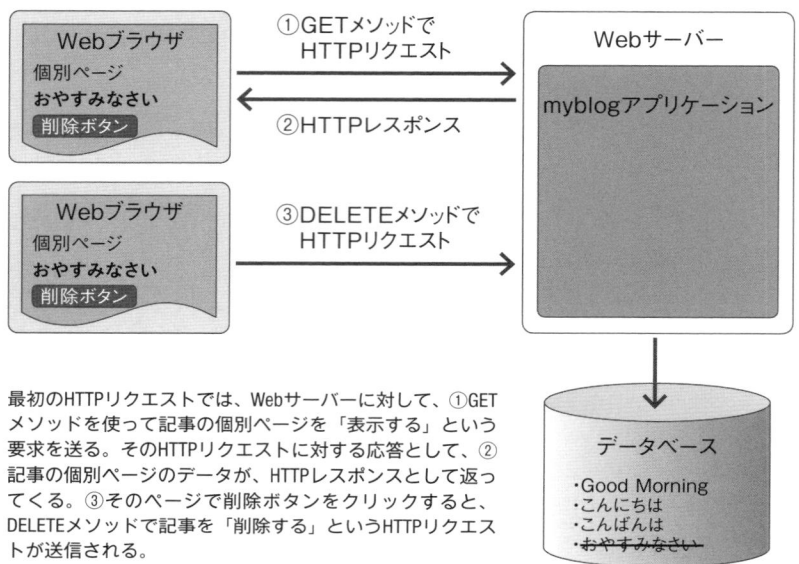

最初のHTTPリクエストでは、Webサーバーに対して、①GET
メソッドを使って記事の個別ページを「表示する」という
要求を送る。そのHTTPリクエストに対する応答として、②
記事の個別ページのデータが、HTTPレスポンスとして返っ
てくる。③そのページで削除ボタンをクリックすると、
DELETEメソッドで記事を「削除する」というHTTPリクエス
トが送信される。

　本書では、このメソッドの実装は割愛します。

IPアドレスとドメインについて
理解しよう

IPアドレスとは何か

　ここからは、IPアドレスについて説明していきます。

　インターネットの世界では、スマホやパソコンなど大量のコンピューターの間で通信が行われています。たとえば、特定の人と電話で話すときのことを考えてみましょう。まず、必要なのはその相手の電話番号です。その電話番号は世界でただ1つです。もし電話番号がほかの誰かと重複していたらどうでしょうか。話したい相手を特定できなくなってしまいます。

　このように、電話番号は重複しない、ただ1つのもので、電話機ごとに一つ一つ割り当てられています。

　インターネットの世界も同じで、この大量のコンピューターの間で通信を行うなら、その通信相手のコンピューターを特定する必要があるのです。もし、コンピューターを特定できないと、前節で説明したHTTPリクエストも目標のコンピューターに送ることができず、またHTTPレスポンスで返ってくる情報をもとのコンピューターが受け取ることもできなくなります。

　コンピューターを特定するために、そのコンピューターごとに一つ一つ割り当てられたものをIPアドレス（Internet Protocol Address）といいます。IPアドレスとは、簡単にいえば、インターネット上のコンピューターの「住所」にあたります。

　しかし、IPアドレスは数字の羅列だけなので、人間から見ると、とても覚えづらいというデメリットがあります。

ドメインとは何か

　ドメインについては、聞いたことがあるという人が多いでしょう。会社で「○○○.co.jp」といった独自ドメインを取得・活用するのも一般的に行われています。たとえば、WebページのURLは、ドメインを利用して「http://www.○○○.co.jp」などと表記されます。

　ドメインは、IPアドレス同様、コンピューターの「住所」を表します。IPアドレスとドメインは厳密にいえば異なりますが、インターネット上の住所を示す情報であるという点については、同じ役割を果たしています。

　IPアドレスは数字の羅列なので、人間にとってはとても覚えづらいというデメリットがあります。ドメインは数字以外の文字が使えるため、IPアドレスよりもわかりやすく、IPアドレスの代用になると理解しておけばよいでしょう。

名前解決とは何か

　ドメインはコンピューターの「住所」を表しますが、本来、通信機器がデータの転送時に識別できるのはIPアドレスです。そのため、ドメインとIPアドレスを紐づける必要があります。

　ドメインとIPアドレスを紐づけて管理しているのが、DNS（Domain Name System）サーバーです。ユーザーが「http://www.○○○.co.jp」にアクセスしたときに、ブラウザは内部処理として「www.○○○.co.jp」のIPアドレスをDNSに問い合わせて取得します。ブラウザはそのIPアドレスを利用し、アクセスしたいコンピューターに接続します（図3-3-1）。

　このように、ドメインを含んだURLからIPアドレスを求める処理を「名前解決」といいます。通常、WebサイトにURLでアクセスするときは、名

前解決を行ってからアクセスしていることになります。

▼**図3-3-1　DNSサーバーと名前解決**

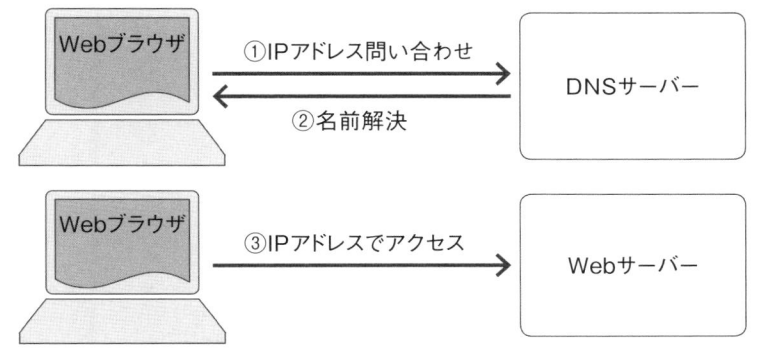

①「www.○○○.co.jpのIPアドレスを教えてください」というIPアドレスの問い合わせをDNSサーバーに送信する。DNSサーバーは②「www.○○○.co.jpのIPアドレスは182.22.28.252です」と応答する。これを「名前解決」という。③WebブラウザはそのIPアドレスを用いてWebサーバーにアクセスする。

　また、DNSサーバーへ問い合わせて名前解決に至る順序としては、最初にDNSの一番上の階層の「ルートDNSサーバー」に問い合わせます（図3-3-2）。ルートDNSサーバーは、ドメインの末尾に「.jp」があるので、「.jpのDNSサーバー」へ問い合わせるようにと返します。

　「.jpのDNSサーバー」へ問い合わせると、今度はドメインの末尾に「.co.jp」があるので、「.co.jpのDNSサーバー」へ問い合わせるようにと返します。

　「.co.jpのDNSサーバー」は、ドメインの末尾に「○○○.co.jp」があるので、「○○○.co.jpのDNSサーバー」へ問い合わせるようにと返します。

　「○○○.co.jpのDNSサーバー」へ問い合わせると、「IPアドレスは182.22.28.252である」などと返します。これでIPアドレスとドメインが紐づいたので、ユーザーは「http://www.○○○.co.jp」のWebサイトにアクセスできるのです。

▼図3-3-2　DNSサーバーから名前解決までの流れ

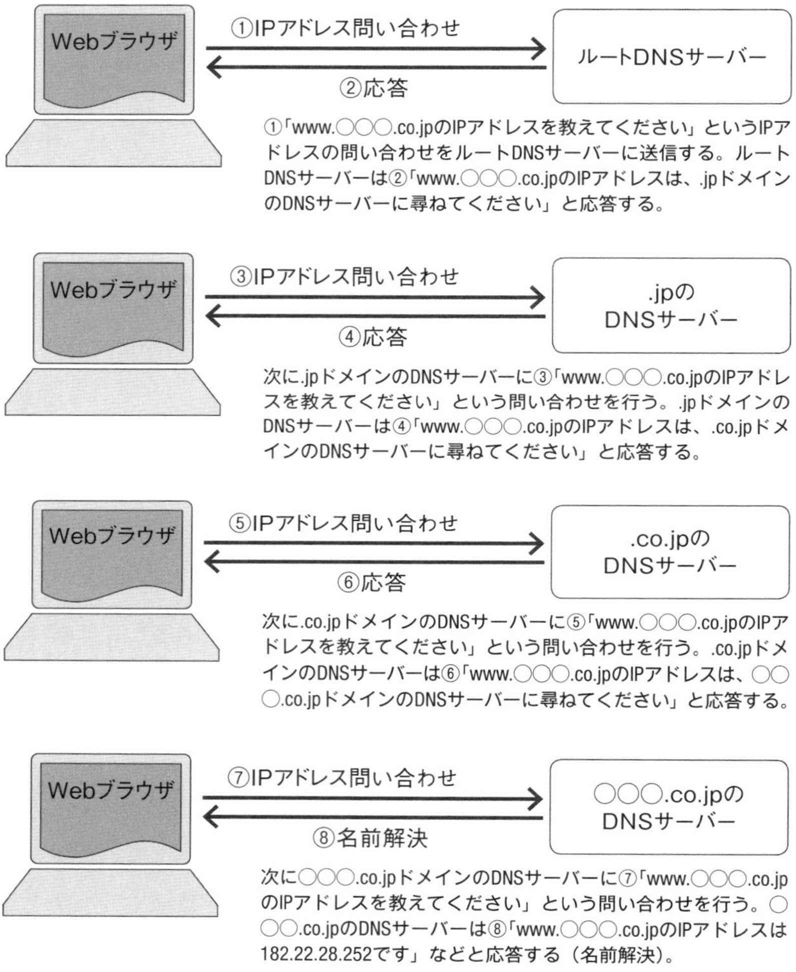

| Webブラウザ | ①IPアドレス問い合わせ →
← ②応答 | ルートDNSサーバー |

①「www.○○○.co.jpのIPアドレスを教えてください」というIPアドレスの問い合わせをルートDNSサーバーに送信する。ルートDNSサーバーは②「www.○○○.co.jpのIPアドレスは、.jpドメインのDNSサーバーに尋ねてください」と応答する。

| Webブラウザ | ③IPアドレス問い合わせ →
← ④応答 | .jpの
DNSサーバー |

次に.jpドメインのDNSサーバーに③「www.○○○.co.jpのIPアドレスを教えてください」という問い合わせを行う。.jpドメインのDNSサーバーは④「www.○○○.co.jpのIPアドレスは、.co.jpドメインのDNSサーバーに尋ねてください」と応答する。

| Webブラウザ | ⑤IPアドレス問い合わせ →
← ⑥応答 | .co.jpの
DNSサーバー |

次に.co.jpドメインのDNSサーバーに⑤「www.○○○.co.jpのIPアドレスを教えてください」という問い合わせを行う。.co.jpドメインのDNSサーバーは⑥「www.○○○.co.jpのIPアドレスは、○○○.co.jpドメインのDNSサーバーに尋ねてください」と応答する。

| Webブラウザ | ⑦IPアドレス問い合わせ →
← ⑧名前解決 | ○○○.co.jpの
DNSサーバー |

次に○○○.co.jpドメインのDNSサーバーに⑦「www.○○○.co.jpのIPアドレスを教えてください」という問い合わせを行う。○○○.co.jpのDNSサーバーは⑧「www.○○○.co.jpのIPアドレスは182.22.28.252です」などと応答する（名前解決）。

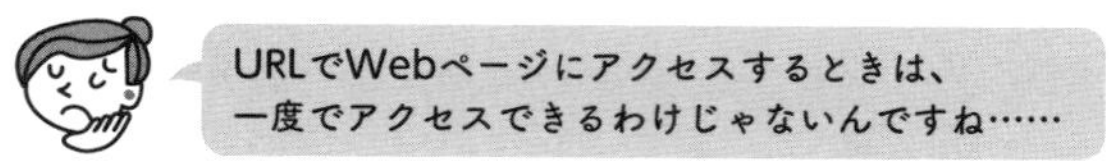

URLでWebページにアクセスするときは、
一度でアクセスできるわけじゃないんですね……

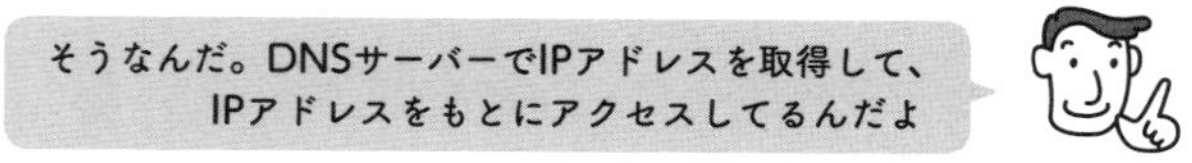

そうなんだ。DNSサーバーでIPアドレスを取得して、
IPアドレスをもとにアクセスしてるんだよ

Section
04　URLの構造について理解しよう

URLの構造

　それではURLの構造を見ていきましょう（図3-4-1）。

　プロトコル名の「http」は、HTTPをプロトコルとして使うという宣言です。「www.○○○.co.jp」はサーバー名です。「xxx/yyy.html」はパスといい、どのディレクトリ配下のどのファイルを表示するのかを表しています。

▼**図3-4-1　URLの構造**

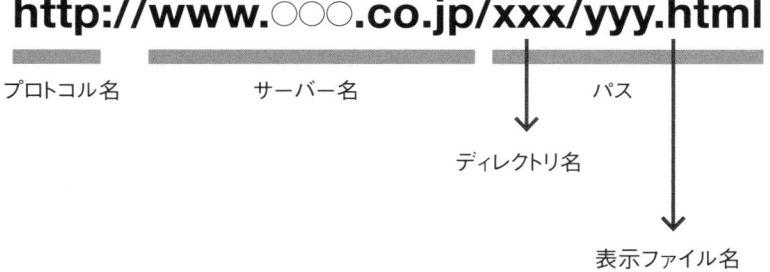

このように、ふだん何気なく使っているURLは、実はパーツごとに意味があります。基本的なURLの構造を理解しておきましょう。

Ruby on RailsのURLの構造

　Ruby on Railsでは、対応するコントローラーとアクションによってテンプレートをレンダリングするので、すでに解説したようにファイル名でURLを表示するのではなく、図3-4-2のようなパスで表示します。

▼**図3-4-2　RailsのURLの構造**

　なぜこのようなパスになるのかというと、Ruby on Railsでは、HTTPリクエストによって特定のアドレスにアクセスされると、そのアドレスに応じたコントローラーが実行され、そのコントローラーによって表示されるビューが決まるからなのです。
　また、パスの部分にユーザーから送られてきたデータをパラメータとして受け取ると、図3-4-3のようなURLで表示することもできます。

▼**図3-4-3　パラメータを入れたRailsのURLの構造**

プロトコルとは何か

では次に、プロトコルについて簡単に説明しましょう。

P109でも述べたように、プロトコルとはコンピューターとコンピューターが通信できるように、その通信の目的別にあらかじめ取り決めた規格や手続きのことです。

インターネットでWebページを閲覧したいとき、自分のブラウザからそのWebページのあるWebサーバーへ接続しますが、このときに通信手段としてHTTPというプロトコルを使います。HTTPはWebブラウザとWebサーバー間で通信するためのプロトコルなのです。

WebページのURLが「http～」となっているのは、通信手段としてHTTPを使うと宣言していることになります。

ほかにもいろいろとプロトコルの種類はあります。よく使うものを挙げておくと、ファイルを転送するときに使うFTPやメールを送信する際に使うSMTP、メールを受信する際に使うPOP3やIMAP、名前解決するためのDNS（P120参照）もプロトコルです。

CHAPTER 1

CHAPTER 2

CHAPTER 3

CHAPTER 4

CHAPTER 5

Webアプリケーションの仕組みを知ろう

127

「http」と「https」の違い

　URLの中には、「http」ではなく「https」から始まるものもあります。この2つの違いは何でしょうか。

　httpもhttpsもHTTPプロトコルであるという点では同じですが、httpsはSSL（Secure Socket Layer）というプロトコルも使われています。SSLを使えば、暗号化した状態でWebサーバーと通信できるので、より安全になります。

　最近では、SSLではなくTLS（Transport Layer Security）というプロトコルが使われていますが、用語への馴染みが薄いので、よくSSLと併記されて「SSL/TLS」と記述されます。一般的に、httpsから始まるURLのWebページのほうが、httpから始まるWebページよりも安全だといえます。

- ユーザーとWebアプリケーションとのやりとりでは、①まずWebサーバーに対して、実行したい処理（HTTPメソッド）の要求（HTTPリクエスト）を行い、②次にWebサーバー（Webアプリケーション）が応答する（HTTPレスポンス）
- HTTPメソッドには、GET、POST、PATCH（PUT）、DELETEの4種類がある
- IPアドレスは、それぞれのコンピューターに割り当てられた「住所」のようなもの
- ドメイン名を使ってWebページにアクセスするとき、WebブラウザはまずDNSサーバーにアクセスしてIPアドレスを取得する（名前解決）
- 名前解決を行ったあとで、改めてWebページにアクセスする
- プロトコルは、コンピューター同士が通信するための規格
- プロトコルの代表的なものが、WebブラウザとWebサーバーとの通信手段であるHTTP

Webアプリケーションの仕組みを知ろう

CHAPTER 4

Webアプリケーションの基本構造を理解しよう

　本章では、 第2章より深くRuby on Railsの構造を学んでいきます。 まず、 MVCというRuby on Railsの基本構造とそれぞれの役割について学びます。 次に、 データベースについて解説します。 データベースは、 ユーザーが記事を投稿したとき、 保存される場所なので、 Webアプリケーションでは欠かせないものです。 さらに、 Ruby on Railsから少し離れて、 クラスとインスタンスという概念についても説明し、 最後にMVCそれぞれの役割について、 より進んだ内容を扱います。

Section
01

MVCという基本構造を理解しよう

MVCとは何か

この章では、Ruby on Railsアプリケーションの基本構造を説明していきます。その前に、第2章までの解説を簡単におさらいしましょう。第2章では、Ruby on Railsにおけるルーター、コントローラー、ビューについて簡単な流れを説明しました（P103参照）。

▼図4-1-1　第2章までの復習

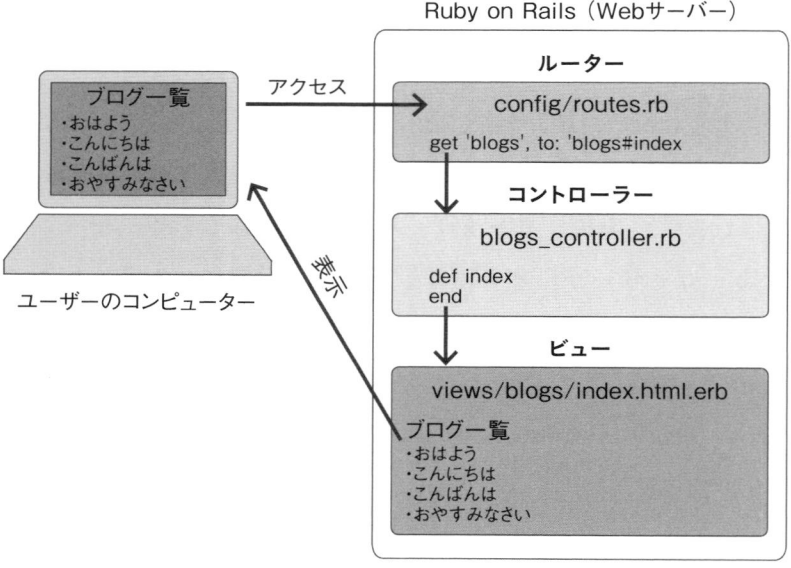

図4-1-1では、myblogアプリケーションにおけるユーザーからのリク

エスト（HTTPリクエスト）がルーター、コントローラー、ビューへとどのように流れていくかを示しています。

　この流れを再度解説します。ユーザーが「https://xxxx.yyy.cloud9.zz-zzz-1.amazonaws.com/blogs」へアクセスすると、「config/routes.rb」（ルーター）へ手動で追記した設定により、対応するコントローラーとアクションを割り当てます。この場合、「blogs_controller.rb」の「indexアクション」が割り当てられることになります。

　「blogs_controller.rb」の「indexアクション」は「app/views/blogs/index.html.erb」とRailsの規約により自動で対応しているので、「app/views/blogs/index.html.erb」がHTTPレスポンスとしてユーザーのブラウザ上でHTMLで表示されます。

　では、実際に表示してみましょう。以下のコマンドをターミナルで実行し、Webサーバーを立ち上げます。

```
rails s
```

　[Preview] タブから [Preview Running Application] をクリックし、画面右上の右側の矢印アイコンをクリックします。そして、アドレスバーに「blogs」と追記しましょう。そうすると、図4-1-2のように表示されるはずです。

▼図4-1-2

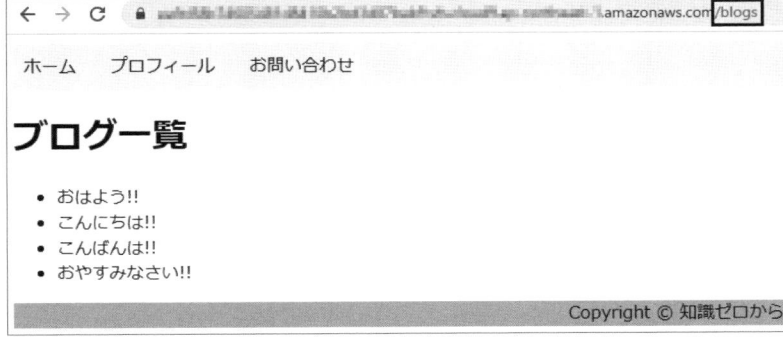

133

では、次にMVCという基本構造について説明します。MVCでは、これ
まで解説したコントローラーとビューに加えて、モデル（Model）とい
う機能が追加されています。モデルは、データベースとやりとりをする
役割を持った機能のことです。なお、データベースについては、次節で
詳細に解説します。ここでは、「データが保持できる箱」と理解しておき
ましょう。

　図4-1-2の「おはよう」「こんにちは」「こんばんは」「おやすみなさい」
という文言は「app/views/blogs/index.html.erb」に直接記述されていま
す。しかし、これらの文言は、常に新しい文言を追加したり、更新した
り、削除したりするものなので、実際には「app/views/blogs/index.html.
erb」に直接記述するのは適当ではありません。そのため、これらの文言
を取り扱う機能がWebアプリケーションに必要です。その役割を担って
いるのがモデルなのです。

　モデルは、これらの文言をデータベースから取得したり、新しい文言
を追加したり、既存の文言を更新したり、削除したりといったやりとり
を担う機能です。

　そして、モデルの「M」、ビューの「V」、コントローラーの「C」の頭
文字を取って「MVC」といいます。Ruby on RailsはMVCという考え方
のもとに、Webアプリケーションを作成します。

　では、MVCの流れを簡単に見ていきましょう（図4-1-3）。ここでは、
Webサイトを表示するケースで説明します。

▼図4-1-3　MVCの基本構造

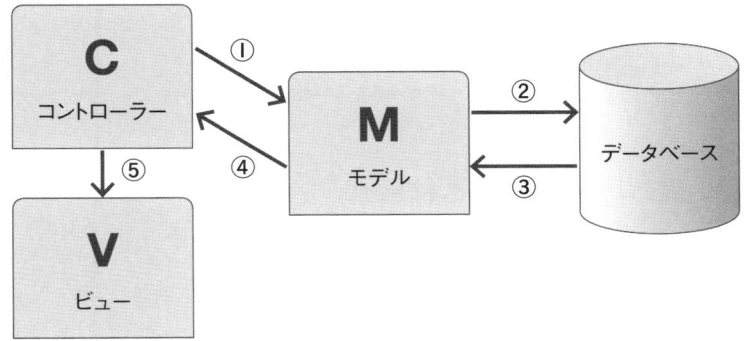

①コントローラーはモデルにデータの取得を依頼する。

②コントローラーから依頼されたモデルは、データ取得のため、データベースに問い合わせを行う。

③モデルがデータベースからデータを取得する。

④モデルは、データベースから取得したデータをコントローラーに渡す。

⑤コントローラーは、モデルから渡されたデータをビューに渡す。

　上に挙げたMVCの基本構造の図はとても重要なので、しっかり理解しておきましょう。

Webアプリケーションで記事を入力したとき、モデルを通じてデータベースへ記事のデータが保存されていたんですね！

そうだよ。Webアプリケーションで、データベースとのやりとりを担当するのがモデルなんだ

データベースについて理解しよう

データベースの役割とは何か

　Webアプリケーションは、インターネットを通じてWebブラウザ上で使用するソフトウェアであると説明してきました。たとえば、myblogアプリケーションでいえば、ユーザーがWebブラウザ上で記事を投稿したり、記事を表示したり、記事を更新したり、記事を削除したり、何らかのデータを取り扱うことができるのが、Webアプリケーションです。

　また、モデルはデータを取り扱う機能を持っていますが、データを保持し続ける機能は持っていません。そのため、このままではWebアプリケーションを立ち上げるたびに、データを再入力しなければなりません。しかし、現在のWebアプリケーションは大量のデータを取り扱うため、これは非現実的です。一度、入力したデータは、消去しない限り、半永久的に保持し続けることが望ましいのです。

　モデルはデータを取り扱う機能を持っていると説明しましたが、正確にいうと、データベースとのやりとりをする機能を持っているのです。データベースを使えば、大量のデータを取り扱って、データを整理・管理して半永久的に保存し、またそれらのデータを容易に抽出することもできます。

　データベースはWebアプリケショーンから独立して、Webアプリケーションを支える重要なソフトウェアの1つなのです。

テーブルの構造について理解する

データベースの役割についてはすでに説明しましたが、データベースにはいろいろな種類があります。その中から、ここではWebアプリケーションでもっともよく使われているリレーショナルデータベース（RDB）を取り上げます。

リレーショナルデータベースと聞くと、難しい言葉のように感じる人もいるかもしれませんが、リレーショナルデータベースの構造は比較的単純です。リレーショナルデータベースは、1つのデーターベースの中に複数のテーブルがあるだけです。

テーブルとはExcelのシートのようなもので、縦（列）はデータの項目である「カラム」、横（行）はデータ自身である「レコード」で成り立っています（図4-2-1）。

▼図4-2-1　データベースとテーブルの概要図

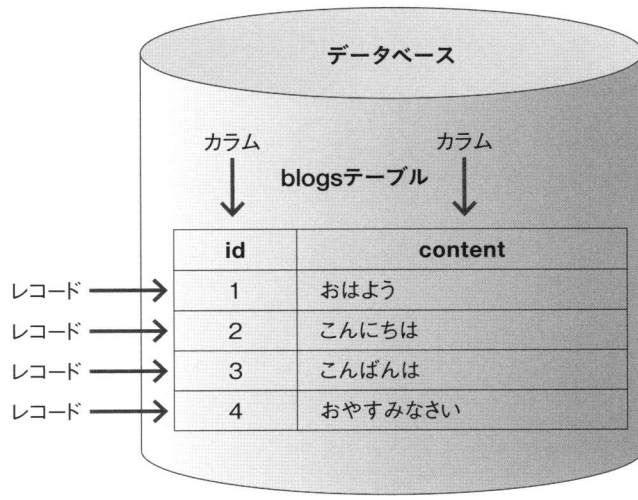

テーブルとは、図4-2-1で挙げた「blogs」テーブルのように、表の形でデータをまとめて保存しているものです。

　レコードは、実際に入力されたデータそのものです。カラムはデータの項目を指します。「blogs」テーブルには、番号を割り当てる「id」カラムと、記事の内容を入れる「content」カラムがあり、これらがデータの項目です。

　「id」カラム1の「content」カラムに「おはよう」、「id」カラム2の「content」カラムに「こんにちは」、「id」カラム3の「content」カラムに「こんばんは」といったデータがそれぞれ実際に入力されており、これらがレコードになります。

　このように、テーブルは縦の列であるカラムにデータの項目、横の行にはレコードとして実際のデータを入力し、表のような形で保存されていることがわかります。そして、テーブルが入っている「箱」がデータベースです。

　テーブルにレコードを整理して保存しておくと、いつでも容易にデータベースにアクセスし、レコードを取り出すことができます。

データベースへデータを保存するときは別の言語が必要になるのですか？

いいところに気がついたね。データベースにデータを保存したいなら、SQLという文法を知っておく必要があるんだ

SQLまで覚えるとなると、かなり大変ですね……

Ruby on Railsには、直接SQL文を記述しなくても、データベースにアクセスできる機能が備わっているから、今は気にしなくて大丈夫だよ

Column

SQL文とは何か

　実際にRuby on RailsでWebアプリケーションを運用する際は通常、MySQLやPostgreSQLなどのデータベースを使いますが、本書では学習の便宜を図るため、SQLiteを利用します。SQLiteはRuby on Railsのデフォルトのデータベースなので、SQLiteを使うなら特にデータベースを指定する必要がありません。

　SQLiteやMySQL、PostgreSQLでは、SQL文という命令を使ってデータベースからデータを取得・追加・更新・削除します。本書ではSQL文については割愛しますが、データベースを扱うには本来SQL文が必要であると理解しておいてください。

CHAPTER 1

CHAPTER 2

CHAPTER 3

CHAPTER 4

CHAPTER 5

Webアプリケーションの基本構造を理解しよう

クラスとインスタンスについて
理解しよう

クラスとインスタンスの概要

　前節から話が変わり、本節では「クラス」と「インスタンス」という
概念について説明します。Rubyをはじめ、オブジェクト指向の言語には
クラスとインスタンスという概念があります。

　クラスとは「モノの設計図」です。クラスは「モノ」としてできるこ
とをあらかじめ定義しています。

　インスタンスとは、クラスである「モノの設計図」から生成される「実
体のあるモノ」です。つまり、クラスはこの「実体のあるモノ」である
インスタンスの原型となる設計図ということができます。

　説明だけではなかなか理解するのも難しいので、実際に手を動かして
クラスとインスタンスを作成していきましょう。

　ターミナルでpwdコマンドを実行し、カレントディレクトリを確認し
ます。

```
pwd
```

　すると、図4-3-1のように表示されます。

▼図4-3-1

```
ec2-user:~/environment $ pwd
/home/ec2-user/environment
ec2-user:~/environment $ ▊
```

もし、カレントディレクトリが図4-3-1のようになっていなければ、次のコマンドを実行して移動します。

```
cd ~/environment
```

次に、クラスとインスタンスを学習するためのディレクトリを作成します。ディレクトリ名は何でもかまいません。今回は「study_class」としました。

```
mkdir study_class
```

では、「study_class」にカレントディレクトリを移動します。

```
cd study_class
```

そして、「car.rb」という名前のファイルを作成しましょう。

```
touch car.rb
```

すると、図4-3-2のように表示されます。

▼**図4-3-2**

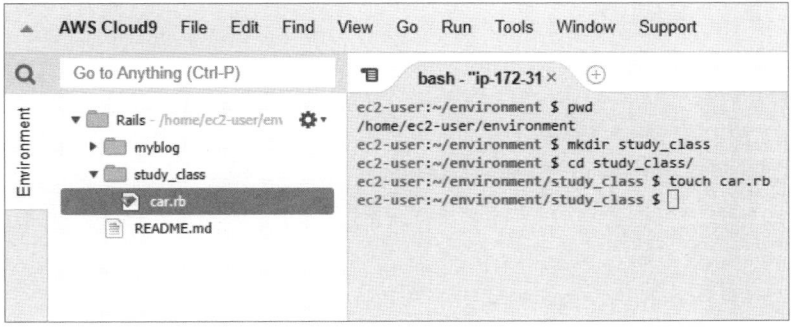

ここで、作成した「car.rb」を開いて、次のように記述します。

```
001   class Car
002
003   end
```

これで、「class Car」と「end」で「Car」クラスが作成できました。このクラスの中にメソッドを定義していきます。たとえば、次のように定義してみます。

```
001   class Car
002     def move
003       puts "最高速度は時速200kmです。"
004     end
005   end
```

クラスの定義は1行目から5行目までです。2行目「def move」から4行目「end」までは「インスタンスメソッド」といい、Carクラスのインスタンスが実行できるメソッドです。インスタンスを作成して実行するには、同じ「car.rb」内で、かつクラスの範囲外で記述します。

では、インスタンスを生成しましょう。インスタンスを生成するには「クラス名.new」のようにnewメソッドを実行します。「car.rb」を以下のように編集しましょう。

```
001   class Car
002     def move
003       puts "最高速度は時速200kmです。"
004     end
005   end
006
007   car1 = Car.new
```

7行目の「Car.new」でCarクラスのインスタンスが作成され、それを「car1」に代入しています。つまり、car1はCarクラスのインスタンスということになります。

それで、2行目から4行目までで定義したインスタンスメソッドを実行したいので、次のように8行目を追記します。

```
001  class Car
002    def move
003      puts "最高速度は時速200kmです。"
004    end
005  end
006
007  car1 = Car.new
008  car1.move
```

ターミナルで「car.rb」を実行します。

```
ruby car.rb
```

次のように表示されればOKです。

```
最高速度は時速200kmです。
```

図4-3-3のように表示されているかを確認しましょう。

143

▼図4-3-3

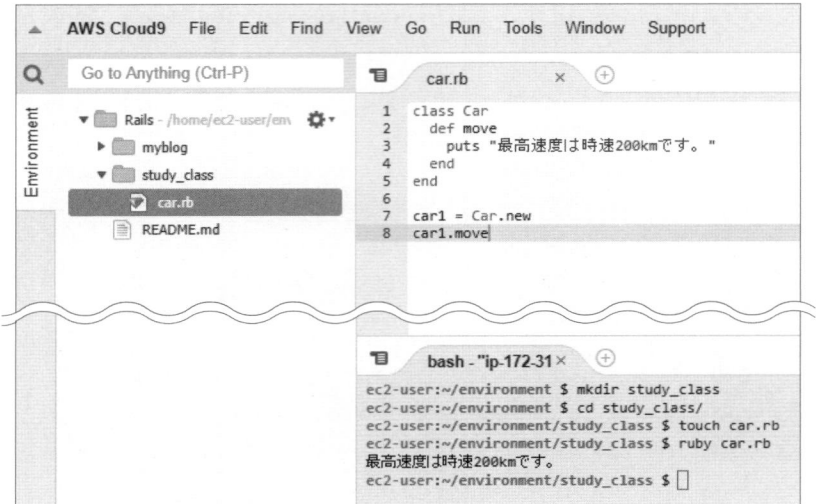

　これまでに説明したように、Carクラスは設計図として「move」という メソッドを定義しました。したがって、Carクラスから生成された 「car1」というインスタンスは「move」というメソッドを実行すること ができます（図4-3-4、図4-3-5）。インスタンスである「car1」に対し て実行できるメソッドなので、「インスタスメソッド」といいます。

▼図4-3-4　クラスとインスタンスの説明図（その1）

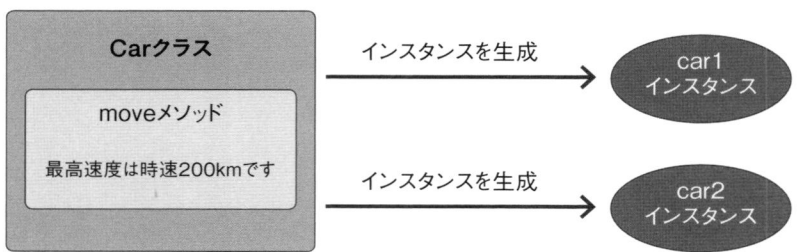

「car1」および「car2」インスタンスの生成までの手順。インスタンス の生成には「Car.new」というメソッドを利用する。

▼図4-3-5　クラスとインスタンスの説明図（その2）

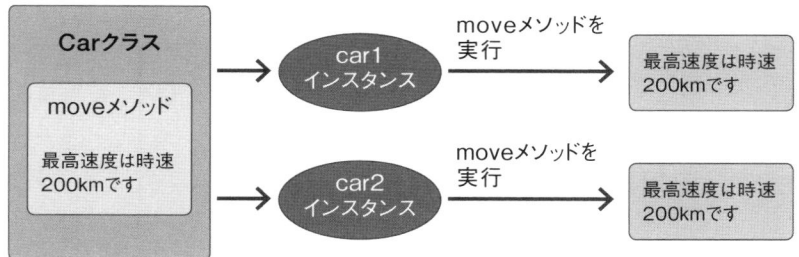

インスタンスが2つ生成されていますが、
同じものですか？

いや、インスタンスはそれぞれ独立していて
お互いに影響はし合わないんだ。だから、
car1とcar2は別々のインスタンスだよ

引数とは何か

　次に、引数について説明します。引数とは「メソッドに渡す値」のことです。メソッドに渡された値である引数が、メソッドの中で処理されて、その結果を返します。

　例を挙げてみましょう。図4-3-6のように、お好み焼きに自由にトッピングできると想像してみてください。

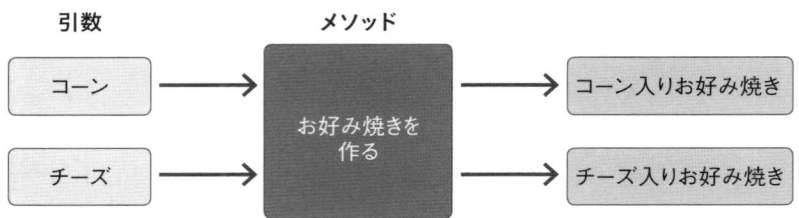

引数　　　　　　　　　メソッド

図4-3-6では、コーンをトッピングしたら「コーン入りお好み焼き」、チーズをトッピングしたら「チーズ入りお好み焼き」ができます。ここでは、コーンやチーズがメソッド（お好み焼きを作る）に渡す値であり、引数なのです。

では、Carクラスのmoveメソッドで、この引数を使って定義してみましょう。次のように「car.rb」を修正します。

```
001    class Car
002      def move(speed)
003        puts "最高速度は時速#{speed}kmです。"
004      end
005    end
006
007    car1 = Car.new
008    car1.move(200)
```

moveメソッドに「(speed)」という引数を渡します。「speed」は変数でもあるので、これをメソッドの中の文字列で使うには「#{ }」でくくる必要があります。

インスタンスであるcar1に対して、moveメソッドで実行するとき、引数の「200」を渡します。

「car.rb」が修正できたら、次のコマンドを実行します。

```
ruby car.rb
```

次のように表示されればOKです。

最高速度は時速200kmです。

引数の値を変更して、再度実行してみましょう。

```
001  class Car
002    def move(speed)
003      puts "最高速度は時速#{speed}kmです。"
004    end
005  end
006
007  car1 = Car.new
008  car1.move(200)
009  car2 = Car.new
010  car2.move(300)
```

「car.rb」が修正できたら、次のコマンドを実行します。

```
ruby car.rb
```

次のように表示されればOKです。

最高速度は時速200kmです。
最高速度は時速300kmです。

図4-3-7のように表示されているかを確認しましょう。

▼**図4-3-7**

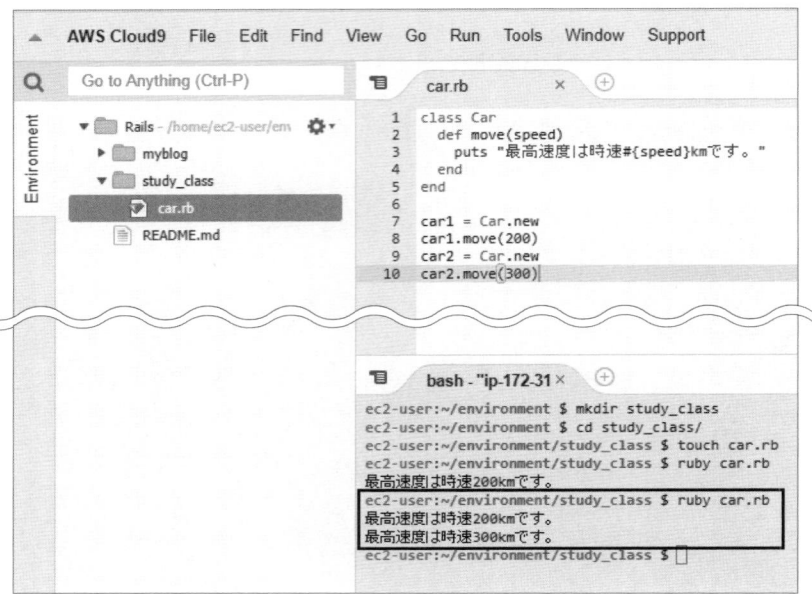

car1とcar2は別々のインスタンスで、それぞれ渡す引数の値も違うの
で、ターミナルでの表示も異なります（図4-3-8）。

▼**図4-3-8　引数を使ったメソッドの実行**

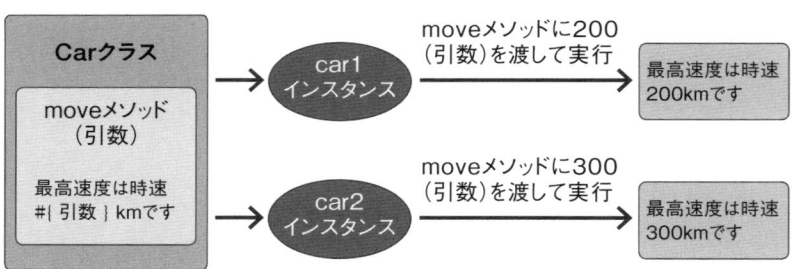

car1とcar2では、引数の値が異なることから、
別々のインスタンスであることがわかりました！

car1とcar2は別々のインスタンスなので、
お互いに影響し合っていないんだよ

Column

シングルコーテーションとダブルコーテーションの使い分け

　文字列はシングルコーテーション（'）か、またはダブルコーテーション（"）のどちらかでくくって表示します。しかし、文字列内で変数を扱う場合はダブルコーテーションを使います。この場合、「#{　}」の中で変数を入れます。これを式展開といいます。

モデルの役割を知っておこう

クラスとインスタンスを踏まえてモデルの役割を再考する

では、再びRuby on Railsのモデルの説明に戻りましょう。

モデルの役割の説明の前に、P132で扱ったMVCという基本構造でモデルはどのような役割を担っているのかを説明します（図4-4-1）。すでに、図4-1-3で解説していますが、ここではmyblogアプリケーションを使います。なお、このあたりの仕組みについては、初学者にとってはやや難解なので、ざっと目をとおして感覚をつかむ程度にとどめてもいいでしょう。第5章で実際に手を動かして体験してから、再度ここに戻って読み直してみると仕組みが理解できるはずです。

▼図4-4-1　myblogアプリケーションのMVC構造

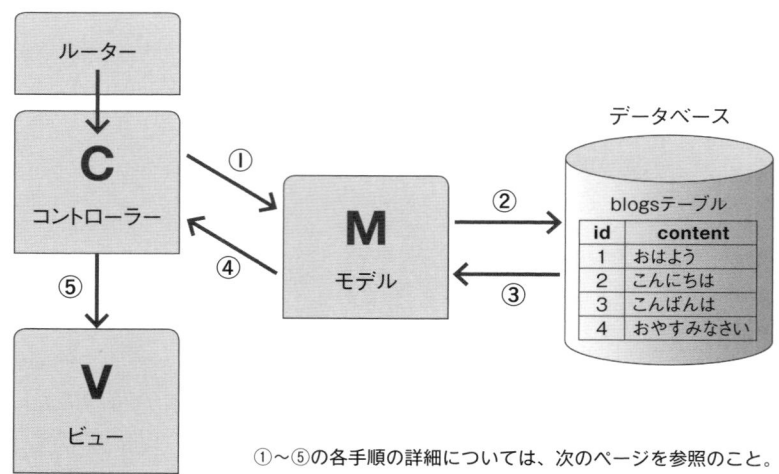

①〜⑤の各手順の詳細については、次のページを参照のこと。

①**ユーザーからのHTTPリクエストがルーターに届き、コントローラー
へ割り当てられると、コントローラーはモデルへ記事のデータを取得
するように依頼する。**

②**モデルはデータベースへ記事のデータを問い合わせる。**

③**モデルはデータベースへ問い合わせた記事のデータを取得する。**

④**モデルはデータベースから取得した記事のデータをコントローラーへ
渡す。**

⑤**コントローラーはモデルから渡された記事のデータをビューへ渡す。こ
のビューがユーザーに表示される。**

さて、ここでモデルの役割を再度説明します。

すでに説明したとおり、モデルにはさまざまな機能がありますが、モデルはデータベースとやりとりをする機能として扱われます。つまり、モデルはデータベースのテーブルに入っているデータから、モデルクラスのインスタンスを生成してコントローラーに渡すという役割があります。

実は、モデルはデータベースのテーブルに対応しているRubyのクラスなのです。クラスなので、インスタンスを生成することができます。

Webアプリケーションは、ユーザーが自分のブラウザ上でそのWebアプリケーションに対応するデータベースの中のテーブルのデータを操作することができます。ユーザーが操作することのできる「実体のあるモノ」としてのデータが、モデルから生成されたインスタンスです。

図4-4-2では、データベースのblogsテーブルのidが「1」、contentが「おはよう」であるレコードや、idが「2」、contentが「こんにちは」であるレコードを、モデルが取り出して「実体のあるモノ」、すなわちモデルインスタンスとして生成しています。このように、モデルの役割はWebアプリケーションで必要なデータを、データベースからモデルインスタンスとして生み出すことにあるのです。

▼**図4-4-2　モデルとインスタンス**

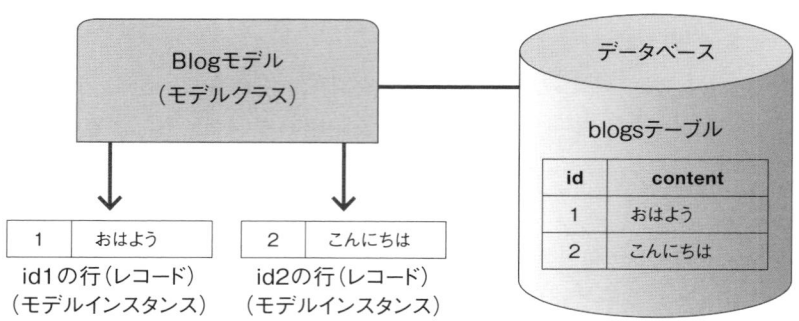

　モデルはデータベースを扱う役割を担っているので、ここまで説明したように、データベースから取得したデータをもとに、データベースとのやり取りを通じてモデルインスタンスを生成することが第一の役割です。それに加えて、第3章で説明したHTTPリクエストの4つのメソッド（GET、POST、PATCHまたはPUT、DELETE）と対応して、モデルインスタンスをコントローラーへ渡したりするなど、データベースとのやりとりをする役割も担っているといえます（図4-4-3）。

▼図4-4-3　モデルの役割

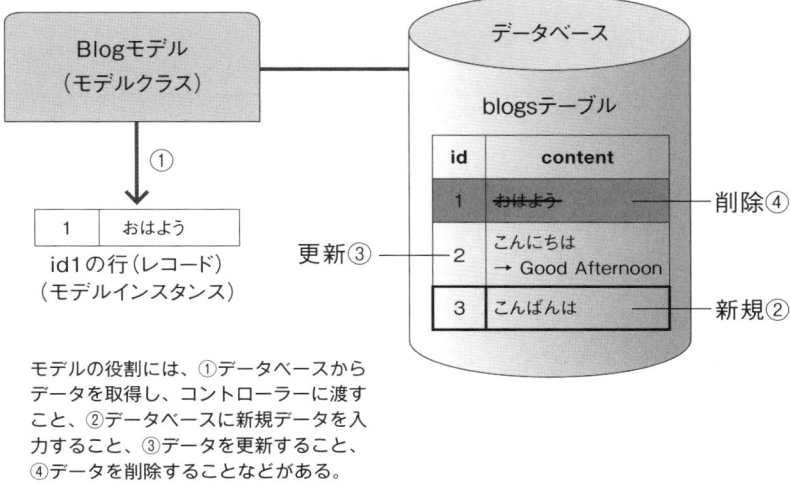

モデルの役割には、①データベースから
データを取得し、コントローラーに渡す
こと、②データベースに新規データを入
力すること、③データを更新すること、
④データを削除することなどがある。

　また、モデルには、入力するデータが適当でないものをデータベース
へ保存させないバリデーションという機能や、モデル間の関連付け（ア
ソシエーション）などの機能もありますが、本書では取り扱いません。

モデルインスタンスのところが
ちょっとわかりにくいです……

データベースから取得したデータがモデルに
渡されると、モデルインスタンスになる
と理解しておけば、とりあえずはOKだよ

コントローラーとビューの関係を理解しよう

コントローラーとビューの関係について

　ここでは、コントローラーとビューの対応関係を説明します。

　たとえば、「rails g controller taros」というコマンドを実行してコントローラーを生成すると、viewsディレクトリの下にtarosディレクトリも生成されます。「views/taros/」の下にtarosコントローラーの中のメソッド名（アクション名）と「同じ名前のメソッド名.html.erb」を作成すると、コントローラーの中のそのメソッドの中で定義した変数（インスタンス変数）を「同じ名前のメソッド名.html.erb」で使うことができるのです。

　ちょっとややこしいので、図4-5-1で説明します。

▼図4-5-1　コントローラーとビュー（その1）

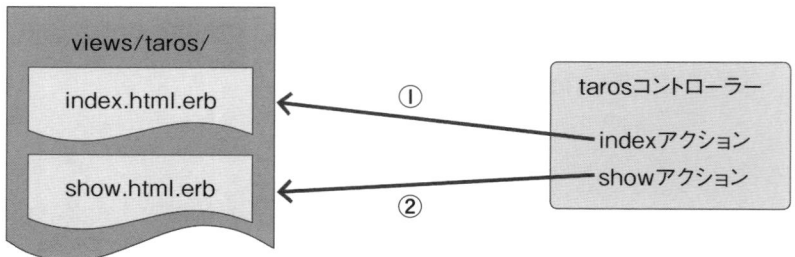

「rails g controller taros」というコマンドを実行して、tarosコントローラーを生成すると、viewsディレクトリの下にtarosディレクトリが生成される。また、①indexアクションで定義した変数を「index.html.erb」で使うことができ、②showアクションで定義した変数を「show.html.erb」で使うことができる。

　tarosコントローラーには、indexアクションとshowアクションが定義されているので、そのアクション名（indexとshow）と「同じ名前のメソッド名.html.erb」を「views/taros/」の下に作成します。

　tarosコントローラーのindexアクションで定義した変数（インスタンス変数）は「views/taros/index.html.erb」で使うことができ、同様にtarosコントローラーのshowアクションで定義した変数（インスタンス変数）は「views/taros/show.html.erb」で使うことができるのです。

　次に、hanakosコントローラーを生成して、aaaアクション、bbbアクションを定義した場合も同様に、図4-5-2のようなコントローラー（hanakosコントローラー）とビュー（views/hanakos）の対応関係になります。

▼図4-5-2　コントローラーとビュー（その2）

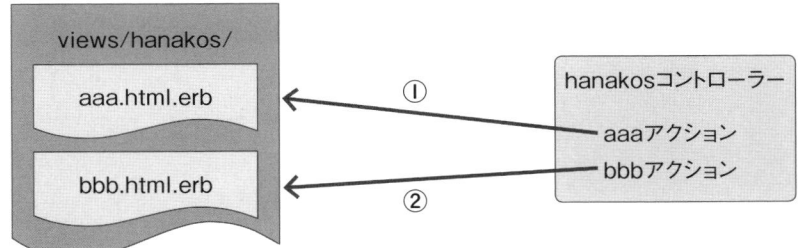

　「rails g controller hanakos」というコマンドを実行して、hanakosコントローラーを生成すると、viewsディレクトリの下にhanakosディレクトリが生成される。また、①aaaアクションで定義した変数を「aaa.html.erb」で使うことができ、②bbbアクションで定義した変数を「bbb.html.erb」で使うことができる。

　では、ここまでを図4-5-3にまとめましょう。

▼**図4-5-3　ルーターからコントローラー、モデル、ビューへの流れ**

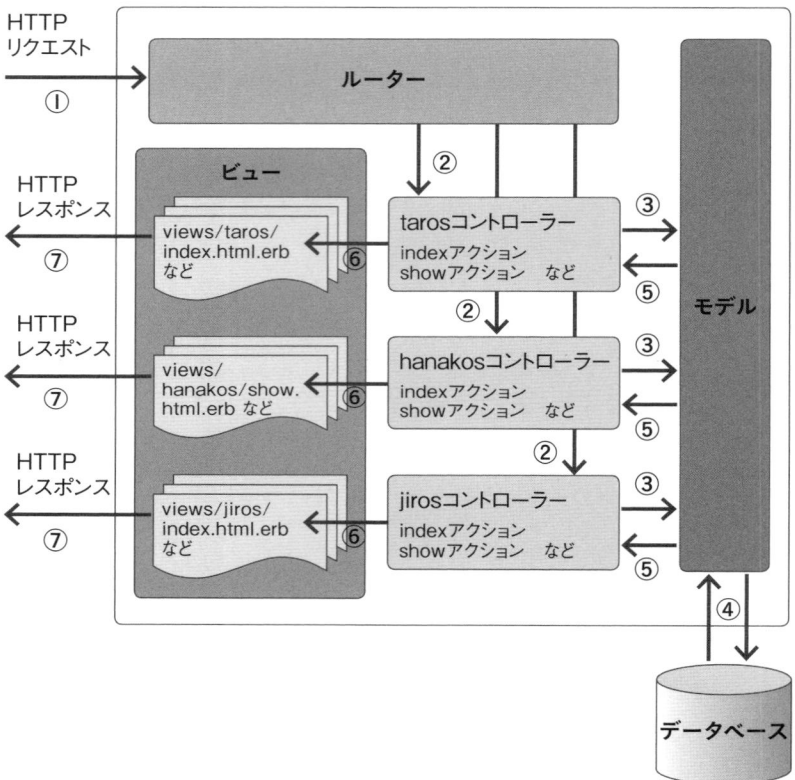

①**ユーザーからのHTTPリクエストをルーターで受け取る。**

②**ルーターには、受け取るURLとHTTPメソッドに対応するコントロー
　ラーとアクション（コントローラー内ではメソッドとして定義される）
　が記述されており、HTTPリクエストとHTTPメソッドに応じて、動
　くコントローラーとアクションが決まる。**

③**ルーターから割り当てられたコントローラーのアクションが実行され、
　そのコントローラーのアクションにモデルが記述されていれば、その
　モデルに対してデータベースからデータを取得するように依頼する。**

④モデルはデータベースとやりとりをしてデータを取得する。

⑤モデルはデータベースから取得したデータを割り当てられたコントローラーのアクションへ渡す。

⑥割り当てられたコントローラーのアクションは、モデルから渡されたデータをインスタンス変数として、ビューである「views/taros/アクション名.html.erb」へ渡す。

⑦コントローラーからインスタンス変数が渡されたビューは、そのデータを表示するため、HTMLやCSSに加工してHTTPレスポンスとしてユーザーのブラウザへ返す。

　少し難しいかもしれませんが、次章以降でmyblogアプリケーションを実際にコードを書きながら実装していきましょう。

コントローラーとビューは結びついているんですね！

コントローラーで定義したメソッド名とビューの名前が一致していることに注意しよう

Column

ActiveRecord

　Ruby on Railsには「ActiveRecord」という機能が備わっており、SQL文を書かなくてもデータベースを扱うことができるため、特にSQL文を意識しないでも開発は進められます。本書では、この理由からSQL文については割愛しています。

Ruby on Railsの基本構造であるMVCのそれぞれの機能

● 「M」モデルはデーターベースとのやりとりをする役割

● 「V」ビューは見た目の部分。ブラウザで表示される

● 「C」コントローラーはモデルにデータ取得を依頼し、モデルから取得したデータをビューへ渡す

データベース

● データベースとはデータを管理・整理して、永続的に保存できる仕組み

● データベースは、Webアプリケーションと密接な関係のあるソフトウェア

● データベースの種類にはMySQL、PostgreSQL、SQLiteなどがある

クラスとインスタンス

● クラスとは、「モノ」としてできることをあらかじめ定義した設計図

● インスタンスとは、クラスから生成された「実体のあるモノ」

本格的な
Webアプリケーションを
作成しよう

　本章では、 実際に記事を投稿する機能を持ったWebアプリケーションを作成します。 そのために、 まずデータベースとのやりとりをするモデルを生成し、「コンソール」というツールを使って実際にデータベースにデータを入れます。 そのあとで、 Web上からもデータを入力することができるようにルーター、 コントローラー、 ビューを編集していきます。 そして、 必要最低限の機能を備えたWebアプリケーションを実際に動かしてみましょう。

ブログ記事を保管する
テーブルを作ろう

モデルを生成してテーブルを作成する

　前章でデータベースを扱うモデルについて説明しました。本章では実際にモデルを作成します。

　まず、第2章で作成したmyblogアプリケーションを開きます。次のコマンドで、前回作成したRuby on Railsアプリケーションのディレクトリへ移動します。

```
cd ~/environment/myblog
```

　pwdコマンドを実行して、カレントディレクトリが次のようになっていることを確認します。

```
/home/ec2-user/environment/myblog
```

　確認できたら、ターミナルで次のコマンドを実行します。

```
rails s
```

　[Preview] タブから [Preview Running Application] をクリックし、画面右上の矢印アイコンをクリックします。そして、ブラウザが表示されたら、アドレスバーのURLの末尾に「blogs」を追加してEnterキーを押します。すると、図5-1-1のような画面が表示されます。

▼図5-1-1

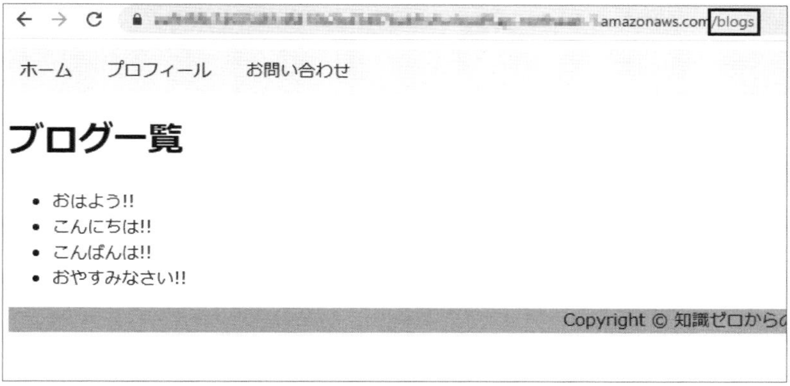

Webサーバーを停止させたいときは、Ctrl＋「C」を押しましょう。

さて、第2章では「app/views/blogs/index.html.erb」に次のように記述しました。

```
001    <ul>
002      <li>おはよう!!</li>
003      <li>こんにちは!!</li>
004      <li>こんばんは!!</li>
005      <li>おやすみなさい!!</li>
006    </ul>
```

本来は2行目から5行目の記事は「app/views/blogs/index.html.erb」に直接記述するのではなく、ユーザーがWebページから投稿したものをその都度表示させたほうがいいはずです。

そのためには、記事を投稿するページ、POSTメソッドで記事を投稿する機能、投稿した記事の一覧ページを作成する必要があります。

投稿した記事は、データとしてデータベースに入れるので、モデルを生成することにします。モデルの生成には、次のコマンドを実行します。

161

```
rails g model ［モデル名(単数形)］ ［カラム名］:［データ型］
```

　ちょっと難しい話になりますが、モデルはデータベースのテーブルに
対応するRubyのクラスという位置づけです。そのため、カラム名やデー
タ型もモデル生成時に指定します。また、モデル名はRuby on Railsの命
名規則で単数形と定められているので、単数形で記述します。

　ただし、対応するテーブル名は複数形とします。今回は、blogsテーブ
ルに記事を入れるcontentカラムを文字列型（string）で生成したいので、
次のコマンドを実行します。

```
rails g model Blog content:string
```

　すると、次のようなファイルが生成されます。

```
invoke    active_record
create    db/migrate/[年月日時]_create_blogs.rb
create    app/models/blog.rb
invoke    test_unit
create     test/models/blog_test.rb
create     test/fixtures/blogs.yml
```

図5-1-2のように表示されます。

▼**図5-1-2**

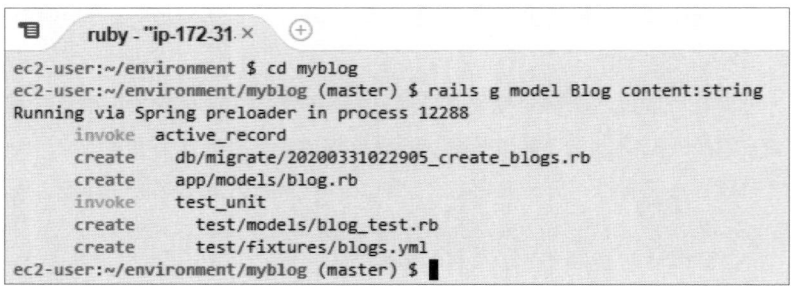

この中から「db/migrate/[年月日時]_create_blogs.rb」を開きます。このファイルは、マイグレーションファイルと呼ばれ、これをもとにデータベース内にテーブルが作成されます。「年月日時」にはファイルが生成された日付が入ります。

```
001  class CreateBlogs < ActiveRecord::Migration[5.2]
002    def change
003      create_table :blogs do |t|
004        t.string :content
005
006        t.timestamps
007      end
008    end
009  end
```

図5-1-3のように表示されます。

▼図5-1-3

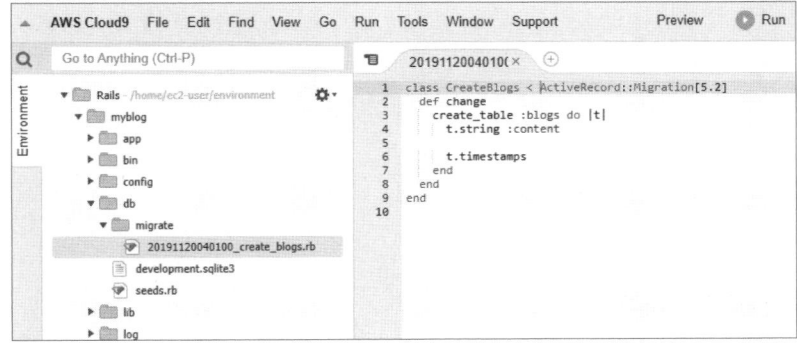

しかし、まだこの時点ではデータベースに対応するテーブルは作成されていません。そのため、このマイグレーションファイルからデータベース内にテーブルを作成するには、マイグレーションコマンドを実行する必要があります。

また、「db/migrate/[年月日時]_create_blogs.rb」のファイルを開く

と、「t.string :content」の箇所で「string（文字列型）」のcontentカラムのあるテーブルが作成されることが確認できます（「t.timestamps」についてはP165のColumnを参照してください）。

では、次のコマンドを実行しましょう。

```
rails db:migrate
```

次のように出力されれば、マイグレーションが問題なく行われた、すなわちデータベースに対応するテーブルが作られたことになります。

```
== 年月日時 CreateBlogs: migrating =====================
-- create_table(:blogs)
   -> 0.0020s
== 年月日時 CreateBlogs: migrated (0.0023s)=============
```

図5-1-4のように表示されます。

▼**図5-1-4**

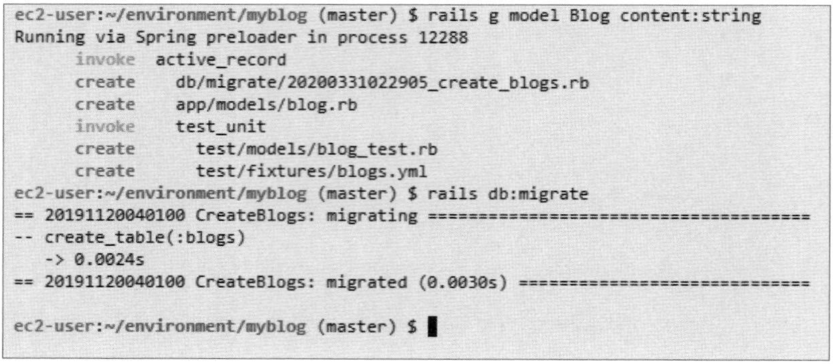

```
ec2-user:~/environment/myblog (master) $ rails g model Blog content:string
Running via Spring preloader in process 12288
     invoke   active_record
     create     db/migrate/20200331022905_create_blogs.rb
     create     app/models/blog.rb
     invoke     test_unit
     create       test/models/blog_test.rb
     create       test/fixtures/blogs.yml
ec2-user:~/environment/myblog (master) $ rails db:migrate
== 20191120040100 CreateBlogs: migrating =====================================
-- create_table(:blogs)
   -> 0.0024s
== 20191120040100 CreateBlogs: migrated (0.0030s) ============================

ec2-user:~/environment/myblog (master) $ ▋
```

このように、モデルを生成したらマイグレーションを実行し、データベースにテーブルを作成することを理解しましょう。

Column

「t.timestamps」の役割

マイグレーションファイルにある「t.timestamps」は、マイグレーションファイル生成時に自動で記述されるもので、「created_at」と「updated_at」というカラムを追加するメソッドです。この2つは、データが保存・更新されるときに、日時が入力されるカラムです。

また、主キーカラムのidもデフォルトで自動生成されますが、マイグレーションファイルにはこれに対応する記述がないことも知っておくといいでしょう。

Column

マイグレーションファイルは編集・削除しない

「rails db:migrate」でマイグレーションを実行後は、マイグレーションファイルを編集したり削除したりしてはいけません。

ここでの詳細な説明は割愛しますが、もしモデル作成の際、スペルを間違ったのでやり直したいときや、マイグレーション実行後にマイグレーションファイルを削除してしまったときなどは、最初からデータベースを作り直し、データベースの再構築をするとよいでしょう。

この場合は次のコマンドを実行します。

```
rails db:migrate:reset
```

データーベースを作り直すので、データは全部消えてしまいますが、マイグレーションファイルを編集したり削除してしまった場合などは、この方法でやり直す方法が手っ取り早いです。

CHAPTER 1

CHAPTER 2

CHAPTER 3

CHAPTER 4

CHAPTER 5

本格的なWebアプリケーションを作成しよう

ブログ一覧ページでデータベースから記事を表示させてみよう

コントローラーを編集する

　ここでは、「app/views/blogs/index.html.erb」のページに、データベースに保管されている記事のデータを一覧表示する方法を考えます。

　「app/controllers/blogs_controller.rb」に次のように入力します。

```
001  class BlogsController < ApplicationController
002    def index
003      @blogs = Blog.all
004    end
005  end
```

図5-2-1のように表示されます。

▼図5-2-1

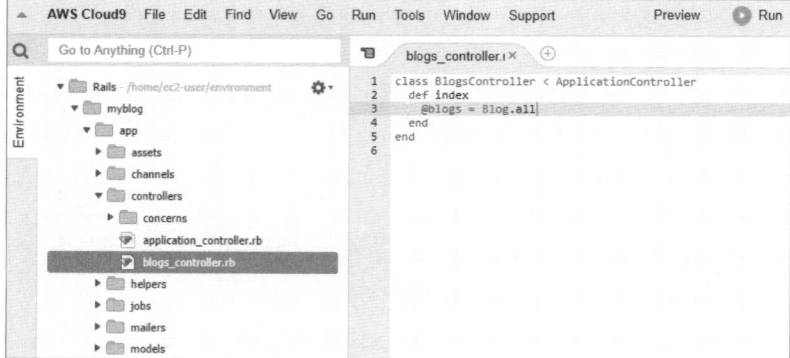

　編集できたら、macOSではCommand＋「S」キー、WindowsではCtrl
＋「S」キーを押して、保存しておきます。

　さて、ここで3行目について説明します。まず右辺の「Blog」はBlog
モデルを表しています。allメソッドは、このBlogモデルに対応するテー
ブルからすべてのレコードを取得するメソッドです。

　これにより、「Blog.all」でBlogモデルに対応するblogsテーブルからす
べてのレコードを取得し、それを「@blogs」へ入れていることがわかり
ます。

　「@blogs」のように「@」から始まる変数を「インスタンス変数」と
呼びます。BlogsControllerのindexアクションで定義されたインスタンス
変数である「@blogs」が「app/views/blogs/index.html.erb」へ渡される
ことになります。

ビューを編集する

　次は、ビューを編集します。「app/views/blogs/index.html.erb」を開
いて、次のように編集します。

```
001  <ul>
002    <% @blogs.each do |blog| %>
003      <li><%= blog.content %></li>
004    <% end %>
005  </ul>
```

図5-2-2のように表示されます。

167

▼図5-2-2

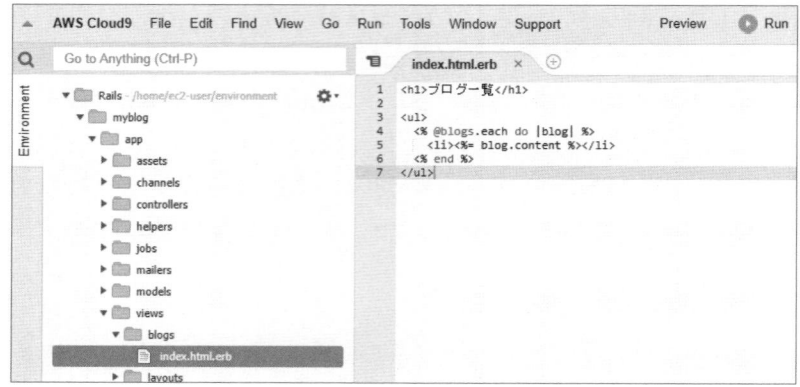

編集できたら、macOSではCommand＋「S」キー、WindowsではCtrl
＋「S」キーを押して、保存しておきます。

「<% %>」「<%= %>」は、ビューのファイルの中でRubyのコードを
実行するときに使用します。なお、この2つには、<% %>はRubyのコー
ドをビューの中で実行するだけなのに対して、<%= %>はRubyのコード
からその実行結果をビューのファイルで表示することができる、という
違いがあります。

eachメソッド

次に、myblogアプリケーションから離れて、Rubyのeachメソッドに
ついて説明します。いったんホームディレクトリへ戻ってから、「study_
ruby」ディレクトリを作成し、そこに移動します。

```
cd ~/environment
mkdir study_ruby
cd study_ruby
```

pwdコマンドを実行して、カレントディレクトリが次のようになって

いることを確認します。

```
/home/ec2-user/environment/study_ruby
```

では、eachメソッドを実行するためのファイルを作成します。

```
touch each_exercise.rb
```

作成できたら、「each_exercise.rb」を開きます。第1章で解説した配列を使って、次のように記述します。

```
001    planet = ["mercury", "venus", "earth", "mars",
       "jupiter", "saturn"]
```

「mercury」を取り出すには、「planet[0]」などとします。

次に、eachメソッドを説明します。eachメソッドは、配列などに含まれている要素を順に繰り返して取り出すメソッドです。

eachメソッドを使わないと、次のようになります。

```
001    # eachメソッドを使わない方法
002    planets = ["mercury", "venus", "earth", "mars",
       "jupiter", "saturn"]
003
004    puts planets[0]
005    puts planets[1]
006    puts planets[2]
007    puts planets[3]
008    puts planets[4]
009    puts planets[5]
```

図5-2-3のようになっているかを確認しましょう。

CHAPTER 1
CHAPTER 2
CHAPTER 3
CHAPTER 4
CHAPTER 5

本格的なWebアプリケーションを作成しよう

▼図5-2-3

　編集できたら、macOSではCommand＋「S」キー、WindowsではCtrl
＋「S」キーを押して、保存しておきます。
　次に、以下のコマンドを実行します。「ruby xxx.rb」というコマンドで、
Rubyファイルに記述されているコードを実行できます。

```
ruby each_exercise.rb
```

　すると、次のようにターミナルに表示されるはずです。

```
mercury
venus
earth
mars
jupiter
saturn
```

　図5-2-4のようになっているかを確認しましょう。

▼図5-2-4

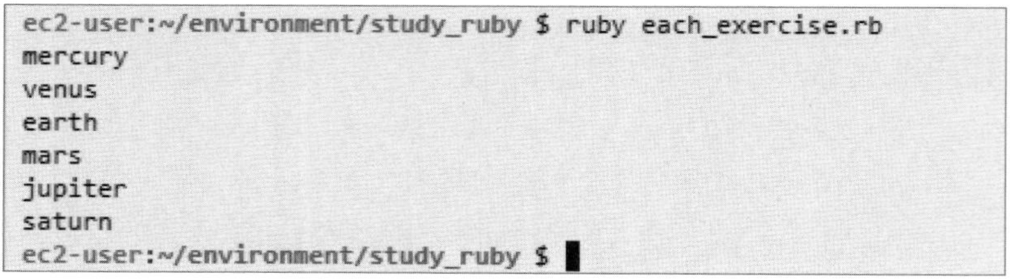

```
ec2-user:~/environment/study_ruby $ ruby each_exercise.rb
mercury
venus
earth
mars
jupiter
saturn
ec2-user:~/environment/study_ruby $ █
```

では、eachメソッドを使ってみます。「each_exercise.rb」の内容を次のように変更します。

```
001    # eachメソッドを使う方法
002    planets = ["mercury", "venus", "earth", "mars",
       "jupiter", "saturn"]
003
004    planets.each do | planet |
005      puts planet
006    end
```

図5-2-5のようになっているかを確認しましょう。

▼図5-2-5

編集できたら、macOSではCommand＋「S」キー、WindowsではCtrl＋「S」キーを押して保存し、次のコマンドを実行します。

```
ruby each_exercise.rb
```

すると、次のようにターミナルに表示されるはずです。

```
mercury
venus
earth
mars
jupiter
saturn
```

図5-2-6のようになっているかを確認しましょう。

▼図5-2-6

```
ec2-user:~/environment/study_ruby $ ruby each_exercise.rb
mercury
venus
earth
mars
jupiter
saturn
ec2-user:~/environment/study_ruby $ █
```

　eachメソッドは、配列の要素が入っている「planets」から順に要素を取り出し、ブロック変数「planet」に要素を渡します（ブロック変数とは、| と | ではさまれた変数のことです）。最初は「mercury」、次に「venus」……のように順に渡され、最後は「saturn」が渡されて終了です。

　この結果、eachメソッドを使わない方法とeachメソッドを使う方法の出力結果は同じものになりますが、多くの要素を取り出す場合はeachメソッドを使うほうが一般的です。eachメソッドは現場でもよく使うメソッドなので、しっかりと理解しておきましょう。

ビューの編集（続き）

　では、再度myblogアプリケーションへ戻りましょう。

次のコマンドを実行して、Ruby on Railsアプリケーションのディレクトリへ移動します。

```
cd ~/environment/myblog
```

pwdコマンドを実行して、カレントディレクトリが次のようになっていることを確認します。

```
/home/ec2-user/environment/myblog
```

確認できたら、「app/views/blogs/index.html.erb」を開きます。

```
001  <ul>
002    <% @blogs.each do |blog| %>
003      <li><%= blog.content %></li>
004    <% end %>
005  </ul>
```

この「@blogs」は、「app/controllers/blogs_controller.rb」のindexアクションで定義した「@blogs = Blog.all」から渡された「インスタンス変数」であることは、すでに説明しました。「@blogs」には、blogsテーブルのすべてのデータが入っていることになります。

インスタンス変数は定義されたコントローラーのアクションと対応するビューで使うことができますので、この場合、「app/views/blogs/index.html.erb」で「@blogs」を使うことができます。

そして、「app/views/blogs/index.html.erb」では、この「@blogs」をeachメソッドでそれぞれのデータを取り出して表示させている、という流れになるのです。

このとき、「<%= blog.content %>」とすることで、contentカラムに入っているデータを表示することができます。

本格的なWebアプリケーションを作成しよう

173

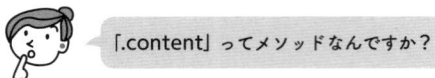

「.content」ってメソッドなんですか？

Railsでは、カラム名をインスタンスメソッドとして
使うことができるんだよ。「インスタンス.カラム名」
でデータを参照できるよ

Railsコンソールを使ってみる

　それでは、実際にblogsテーブルにデータを入れてみましょう。

　今のところ、myblogアプリケーションにはWebページからデータを入
力することはできないので、直接モデルを操作できる「Railsコンソー
ル」というRailsの機能を使ってみます。

次のコマンドを実行します。

```
rails c
```

図5-2-7のようになっているかを確認しましょう。

▼**図5-2-7**

```
ec2-user:~/environment $ cd myblog
ec2-user:~/environment/myblog (master) $ rails c
Running via Spring preloader in process 13933
Loading development environment (Rails 5.2.4.2)
2.6.3 :001 > []
```

次のコマンドを実行します。

```
Blog.all
```

図5-2-8のようになっているかを確認しましょう。

▼**図5-2-8**

```
ec2-user:~/environment $ cd myblog
ec2-user:~/environment/myblog (master) $ rails c
Running via Spring preloader in process 13933
Loading development environment (Rails 5.2.4.2)
2.6.3 :001 > Blog.all
  Blog Load (0.3ms)  SELECT  "blogs".* FROM "blogs" LIMIT ?  [["LIMIT", 11]]
 => #<ActiveRecord::Relation []>
2.6.3 :002 > █
```

「Blog.all」でblogsテーブルのすべてのレコードを取得しますが、まだblogsテーブルにはデータが入力されていないので「#<ActiveRecord::Relation [ ]>」と表示されています。

では、早速、データを入力してみましょう。「blog = Blog.new」と入力して実行します。

CHAPTER 1

CHAPTER 2

CHAPTER 3

CHAPTER 4

CHAPTER 5

本格的なWebアプリケーションを作成しよう

```
blog = Blog.new
=> #<Blog id: nil, content: nil, created_at: nil,
updated_at: nil>
```

　まず「Blog.new」でインスタンスを生成しますが、まだデータは何も
入力されていないので、「#<Blog id: nil, content: nil, created_at: nil,
updated_at: nil>」と返ってきます。
　続けて、次のように「blog.content = "おはよう"」と入力して実行し
ます。

```
blog.content = "おはよう"
=> "おはよう"
```

　入力したデータをデータベースへ保存するために、「blog.save」と入
力して実行します。

```
blog.save
  (0.1ms)  begin transaction
  Blog Create (0.9ms)  INSERT INTO "blogs" ("content",
"created_at",
  "updated_at") VALUES (?, ?, ?)  [["content", "おはよう
"], ["created_at",
  "20xx-xx-xx 01:51:15.413001"], ["updated_at", "20xx-
xx-xx 01:51:15.413001"]]
  (0.9ms)  commit transaction
=> true
```

　このように「true」と表示されれば、データベースにデータが保存さ
れたことになります。
　ここまでできたら、次のコマンドを実行してrailsコンソールから抜け
ましょう。

```
exit
```

図5-2-9のように表示されます。

▼図5-2-9

```
ec2-user:~/environment $ cd myblog
ec2-user:~/environment/myblog (master) $ rails c
Running via Spring preloader in process 13933
Loading development environment (Rails 5.2.4.2)
2.6.3 :001 > Blog.all
  Blog Load (0.3ms)  SELECT "blogs".* FROM "blogs" LIMIT ? [["LIMIT", 11]]
=> #<ActiveRecord::Relation []>
2.6.3 :002 > blog = Blog.new
=> #<Blog id: nil, content: nil, created_at: nil, updated_at: nil>
2.6.3 :003 > blog.content = "おはよう"
=> "おはよう"
2.6.3 :004 > blog.save
   (0.1ms)  begin transaction
  Blog Create (3.0ms)  INSERT INTO "blogs" ("content", "created_at", "updated_at") VALUES (?, ?, ?) [["content", "おはよう"], ["created_at", "2020-03-31 02:50:05.34592
2"], ["updated_at", "2020-03-31 02:50:05.345922"]]
   (5.0ms)  commit transaction
=> true
2.6.3 :005 > exit
ec2-user:~/environment/myblog (master) $
```

　ここまでできたら、次のコマンドをターミナルで実行し、Webサーバー
を立ち上げます。

```
rails s
```

　［Preview］タブから［Preview Running Application］をクリックし、画
面右上の右側の矢印アイコンをクリックします。そして、アドレスバー
に「blogs」と追記しましょう。そうすると、図5-2-10のように表示さ
れるはずです。

▼図5-2-10

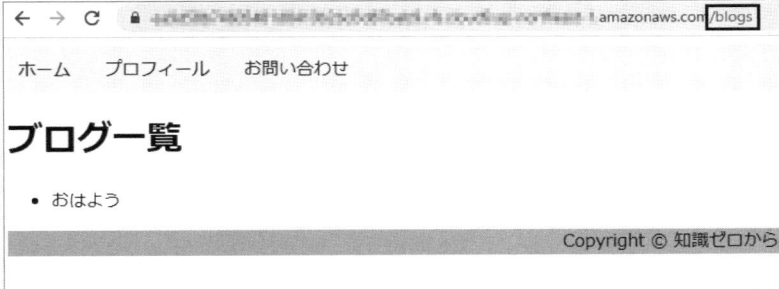

Webサーバーを停止させたいときは、Ctrl＋「C」を押しましょう。
ここまで解説したことをまとめると、図5-2-11のようになります。

▼**図5-2-11　ブログ一覧画面のMVCプロセス**

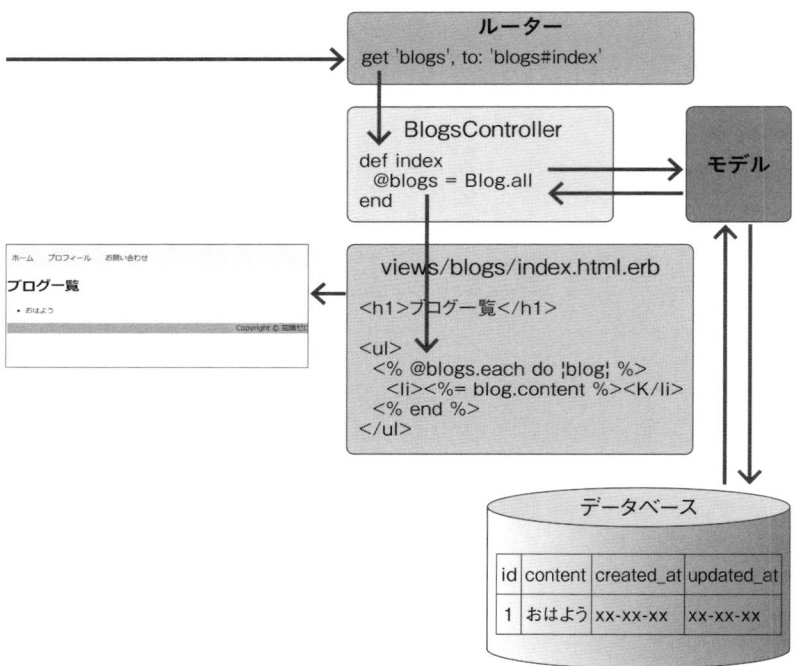

Webサーバーを立ち上げて、「https://xxxx.yyy.cloud9.zz-zzz-1.
amazonaws.com/blogs」へHTTPリクエストでアクセスすると、ルー
ターで「get'blogs',to:'blogs#index'」とあるので、blogsコントローラー
のindexアクションへHTTPリクエストが割り当てられます。ルーターへ
の記述については、後述します。

BlogsControllerのindexアクションには「@blogs = Blog.all」という記
述があるので、右辺のBlogモデルに対応するテーブルから全レコードを

取得します。このとき、allメソッドはSQL文に変換され、データーベースから全レコードを取得します。

「Blog.all」で取得されたデータは「@blogs」というインスタンス変数へ渡され、そのインスタンス変数である「@blogs」が「app/views/blogs/index.html.erb」で使えるようになります。

この「@blogs」がBlogsControllerのindexアクションと対応する「app/views/blogs/index.html.erb」で使われることによって、HTTPレスポンスとしてユーザーのWebブラウザへ返され、図5-2-10のように表示されます。

この一連の流れをしっかりと理解しておいてください。

コンソールで試す場合は、どのタイミングがいいですか？

一番いいのはモデルを生成してマイグレーションを
実行したときだね。モデルをとおして、実際に
データを保存可能かを確認できるからね

ブログ投稿の仕組みを作る①
投稿ページを作成しよう

コントローラーを編集する（newアクション）

　前節でデータベースにテーブルを作成したので、ブログの内容を保存する入れ物は用意できました。また、実際に「rails c」コマンドを使って、blogsテーブルにデータを入力して表示しました。

　本節では、このブログのデータをWebページ上で実際に入力するために、コントローラーのアクションとビューを作成します。

　ブログを新規に入力するWebページに対応するアクションは、コントローラーのnewアクションなので、これをコントローラーに追記します。「app/controllers/blogs_controller.rb」を次のように変更しましょう。

```
001   class BlogsController < ApplicationController
002     def index
003       @blogs = Blog.all
004     end
005
006     def new
007       @blog = Blog.new
008     end
009   end
```

図5-3-1のように表示されます。

▼**図5-3-1**

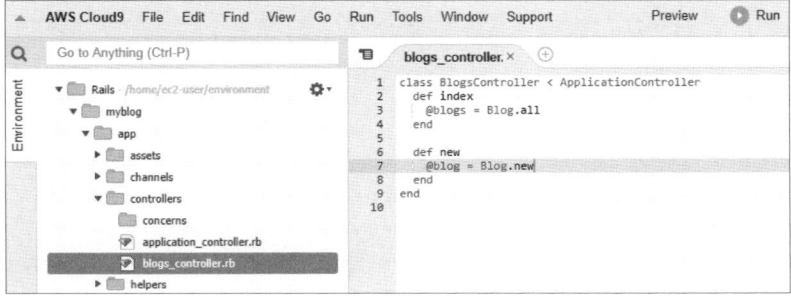

編集できたら、macOSではCommand＋「S」キー、WindowsではCtrl＋「S」キーを押して、保存しておきます。

6行目で定義しているnewメソッドは、新しいインスタンスを作成するためのメソッドです。7行目の「Blog.new」は空のデータの新しいインスタンスを生成し、それを「@blog」に渡しています。

newアクションで定義した「@blog」は「app/views/blogs/new.html.erb」で使うことができます。しかし、まだ「app/views/blogs/new.html.erb」が存在しないので、newアクションと対応するビューを「views/blogs/」の直下に「new.html.erb」として作成します。

「views/blogs/new.html.erb」を開いて、次のように記述します。

`001` `<h1>ブログ新規投稿</h1>`

図5-3-2のようになっているかを確認しましょう。

▼図5-3-2

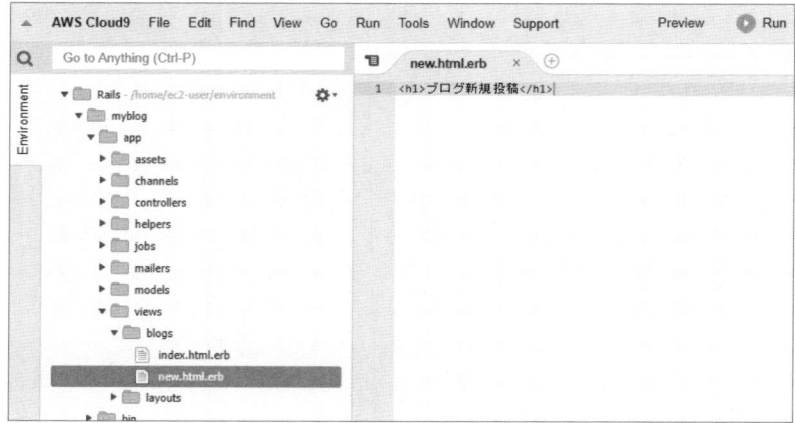

　これでコントローラーとビューの紐づけができました。次はルーター
の設定を行います。「config/routes.rb」を開いて、次のように追記しま
す。なお、getメソッドを利用しているのは、ブログを投稿するページの
表示だからです。

```
001  Rails.application.routes.draw do
002    get 'blogs', to: 'blogs#index'
003    get 'blogs/new', to: 'blogs#new'
004  end
```

図5-3-3のようになっているかを確認しましょう。

▼**図5-3-3**

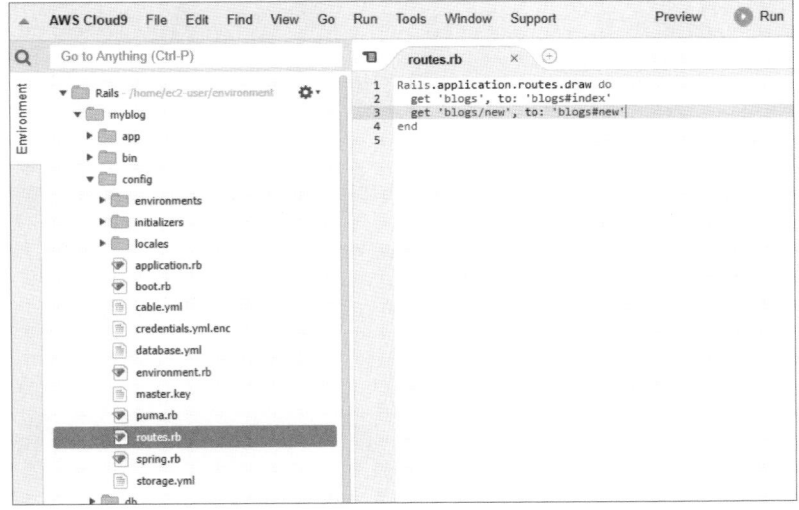

　編集できたら、macOSではCommand＋「S」キー、WindowsではCtrl
＋「S」キーを押して、保存しておきます。

　これで、URLに「blogs/new」を追加してアクセスすると、ブログ投
稿ページが表示されることになります。

　ここまでできたら、次のコマンドをターミナルで実行し、Webサーバー
を立ち上げます。

```
rails s
```

　[Preview]タブから[Preview Running Application]をクリックし、画
面右上の右側の矢印アイコンをクリックします。そして、アドレスバー
に「blogs」と追記しましょう。そうすると、図5-3-4のように表示され
るはずです。

CHAPTER 1

CHAPTER 2

CHAPTER 3

CHAPTER 4

CHAPTER 5

本格的なWebアプリケーションを作成しよう

▼図5-3-4

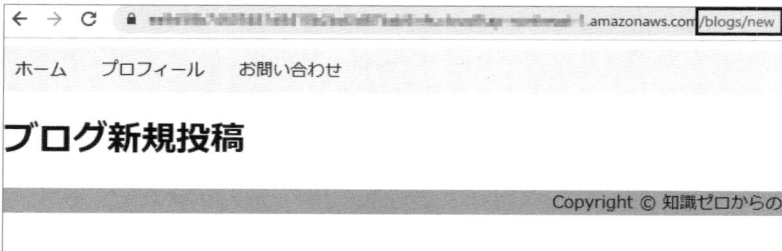

Webサーバーを停止させたいときは、Ctrl＋「C」を押しましょう。

ルーティングの設定についての補足

P180では、次のように書きました。

```
003   get 'blogs/new', to: 'blogs#new'
```

「ユーザーからのアクセスで使われるURL, to: コントローラー名#アクション名」で、重複がある場合、「to: コントローラー名#アクション名」を省略することができます。

省略すると、次のようなコードになります。

```
001   Rails.application.routes.draw do
002     get 'blogs', to: 'blogs#index'
003     get 'blogs/new'
004   end
```

また、以下のように「get 'new', to: 'blogs#new'」としてみます。

```
001   Rails.application.routes.draw do
002     get 'blogs', to: 'blogs#index'
003     get 'new', to: 'blogs#new'
```

```
004     end
```

　この場合、「/new」へアクセスされたら、BlogsControllerのnewアク
ションと紐づけるという意味になります。

　では、実際に確認してみましょう。次のコマンドをターミナルで実行
し、Webサーバーを立ち上げます。

```
rails s
```

　[Preview] タブから [Preview Running Application] をクリックし、画
面右上の矢印アイコンをクリックします。そして、アドレスバーに「/
new」と追記しましょう。そうすると、次のように表示されるはずです。

▼図5-3-5

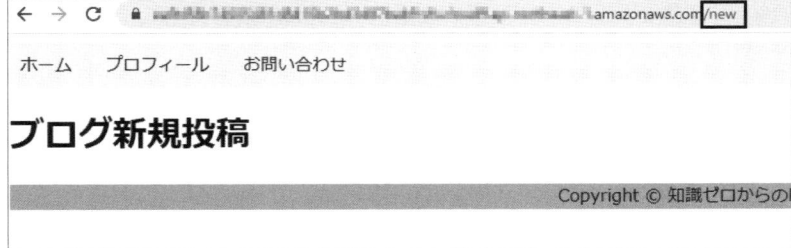

　Webサーバーを停止させたいときは、Ctrl＋「C」を押しましょう。

　なお、本書では「config/routes.rb」は次の形で進めていきます。

```
001     Rails.application.routes.draw do
002       get 'blogs', to: 'blogs#index'
003       get 'blogs/new'
004     end
```

CHAPTER 1
CHAPTER 2
CHAPTER 3
CHAPTER 4
CHAPTER 5

本格的なWebアプリケーションを作成しよう

ビューを編集する

次に、ビューを編集します。「app/views/blogs/new.html.erb」を開き、次のように記述します。

```
001    <h1>ブログ新規投稿</h1>
002
003    <%= form_with(model: @blog, local: true) do |f| %>
004      <%= f.label :content, '内容' %>
005      <%= f.text_field :content %>
006
007      <%= f.submit '投稿する' %>
008    <% end %>
```

図5-3-6のようになっているかを確認しましょう。

▼**図5-3-6**

編集できたら、macOSではCommand＋「S」キー、WindowsではCtrl＋「S」キーを押して、保存しておきます。

さて、「form_with」はフォームを作成するメソッドです。Rails5.1から使用できるようになりました。

3行目で、BlogsControllerのnewアクションで定義した「@blog」を渡しています。「local: true」の説明は本書では割愛しますが、気にせず進めてください。

「form_with」でフォームを作成したら「end」で閉じます。この「form_with」で作成したフォームからブログの内容を投稿して、データベースのテーブルへ保存することになります。

ちなみに、「form_with」の中身を見ておくと、「f.label :content, '内容'」ではHTMLでのlabelタグを生成しています。「content」カラムに入るラベルの表示なので、今回は「内容」としました。「f.text_field :content」はcontentカラムへの入力欄をテキスト投稿フォームとして生成しています。「f.submit」では送信ボタンを生成しています。

このあたりは「こんな感じで記述するんだな」くらいに理解しておけばいいでしょう。

ここまでできたら、次のコマンドをターミナルで実行し、Webサーバーを立ち上げます。

```
rails s
```

[Preview] タブから [Preview Running Application] をクリックし、画面右上の矢印アイコンをクリックします。そして、アドレスバーに「blogs/new」と追記しましょう。そうすると、図5-3-7のように表示されるはずです。

CHAPTER 1

CHAPTER 2

CHAPTER 3

CHAPTER 4

CHAPTER 5

本格的なWebアプリケーションを作成しよう

▼図5-3-7

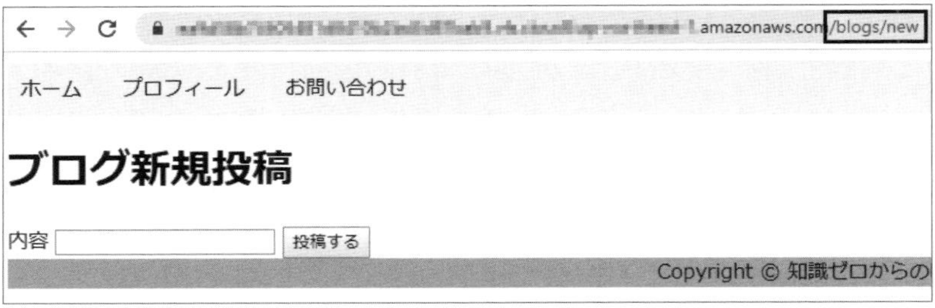

← → C	🔒 amazonaws.com/blogs/new

ホーム　プロフィール　お問い合わせ

ブログ新規投稿

内容 [　　　　　　　　] [投稿する]

Copyright © 知識ゼロからの

Webサーバーを停止させたいときは、Ctrl＋「C」を押しましょう。

なんだか難しくなってきましたね……

とりあえず難しく考えず、進めてみるのも1つの手だよ。
プログラミングは実際に手で動かしてみることも大切だからね

ブログ投稿の仕組みを作る②
投稿機能を実装しよう

CHAPTER 1

CHAPTER 2

CHAPTER 3

CHAPTER 4

CHAPTER 5

本格的なWebアプリケーションを作成しよう

コントローラーを編集する（createアクション）

　前節までで、ブログに記事を新規登録するためのフォームはできました。ここでは、その新規投稿フォームから実際に投稿してデータベースへデータを登録するため、コントローラーを編集します。

　「app/controllers/blogs_controller.rb」を次のように修正します。

```
001  class BlogsController < ApplicationController
002    def index
003      @blogs = Blog.all
004    end
005
006    def new
007      @blog = Blog.new
008    end
009
010    def create
011      @blog = Blog.new(blog_params)
012      if @blog.save
013        redirect_to blogs_url
014      else
015        render :new
016      end
017    end
018
019    private
020    def blog_params
021      params.require(:blog).permit(:content)
```

022	end
023	end

次のように表示されます（図5-4-1）。

▼図5-4-1

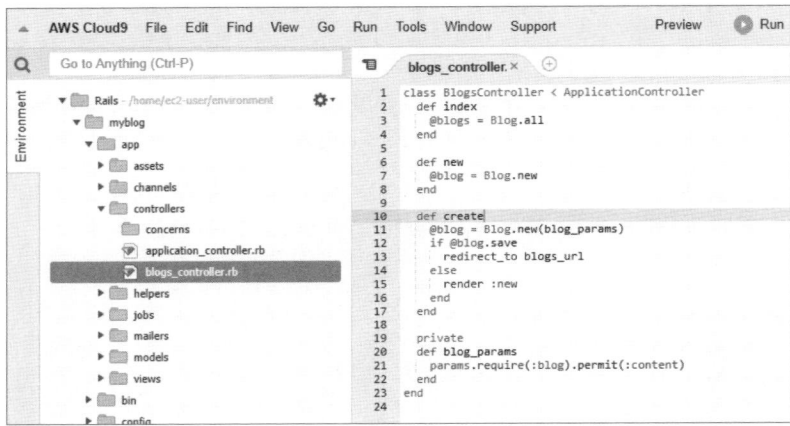

編集できたら、macOSではCommand＋「S」キー、WindowsではCtrl＋「S」キーを押して、保存しておきます。

では、「app/controllers/blogs_controller.rb」のコードについて、10行目〜17行目から説明していきましょう。

011	@blog = Blog.new(blog_params)

まず、11行目ですが、「blog_params」はストロングパラメータと呼ばれるもので、ユーザーが入力した値にあたります。具体的な定義は20行目から22行目にあります（説明は後述）。「Blog.new(blog_params)」で、ユーザーがフォームで入力したデータから新規インスタンスを生成し、「@blog」というインスタンス変数に代入しています。つまり、「@

blog」には、ユーザーがフォームで入力したデータが格納されています。

次に、12行目〜16行目を見ていきます。

```
012        if @blog.save
013          redirect_to blogs_url
014        else
015          render :new
016        end
```

ここでは「@blog」がデータベースに保存されたかどうかで、遷移先のページを定義しています。

「if @blog.save」は、「@blog」の内容が保存されていれば「redirect_to blogs_url」で遷移先を定義し、保存されていなければ「else」以降の「render :new」が実行されます。

では、「blogs_url」とは何でしょうか。次のコマンドを実行してみます。

```
rails routes
```

「rails routes」コマンドは、ルーティング一覧を確認するコマンドです。これを実行すると、図5-4-2のようにターミナルに出力されるはずです。

CHAPTER 1
CHAPTER 2
CHAPTER 3
CHAPTER 4
CHAPTER 5

本格的なWebアプリケーションを作成しよう

191

　「Prefix」はパスを指定する方法です。「Prefix」の下に「blogs」と表示されていることを確認してください。パスを指定するには「Prefix_url」または「Prefix_path」と記述します。ここでは「blogs_url」とします。

　では、パスを「blogs_url」または「blogs_path」とするのは、どういう意味なのでしょうか。
　図5-4-2の「blogs」のところには、次のように表示されています。

```
blogs   GET   /blogs(.:format)   blogs#index
```

　一番左の「blogs」に「_url」または「_path」と付け加えることで、上で説明したパスの指定になります。

　GETはHTTPメソッドの1つです。
　「/blogs」は、URLの末尾が「/blogs」となることを表しています。一番右が、この場合のコントローラーとアクションです。
　「blogs#index」とあるので、「blogsコントローラーのindexアクションが対応する」ことになります。

　ではここで、13行目の「redirect_to blogs_url」を説明しましょう。「redirect_to」はコントローラーのアクションに対応するページへの遷移をさせます。

　つまり、「blogs_url」のパスの指定は、P192のルーティング一覧（blogs GET /blogs(.:format) blogs#index）によれば「blogs#index」が対応するので、blogsコントローラーのindexアクションが実行され、その結果、「blogs/index.html.erb」が表示されます。

　その場合のURLは、末尾が「/blogs」となっているというわけです。

　以上から、12行目でデータベースへユーザーの入力した値が保存されたのであれば、13行目の「redirect_to blogs_url」で「/blogs/index.html.erb」（ブログ一覧画面）に遷移します。

　続いて、15行目の「render :new」について説明しましょう。これは単に「blogs/new.html.erb」を表示するだけのものです。つまり、ユーザーがフォームで入力した値を何らかの理由でデータベースに保存できなかった場合、再度「ブログを新規投稿する画面」を表示することを表しています。

　では、次に19行目から22行目を説明します。

```
019    private
020    def blog_params
021      params.require(:blog).permit(:content)
022    end
```

　19行目の「private」は、privateメソッドというもので、クラスの内部でしか使えません。つまり、ここでは「class BlogsController」の内部でのみ使えるメソッドです。

　20行目から22行目は、ストロングパラメータを定義しています。ストロングパラメータは、ユーザーがフォームで入力した値を安全にデータベースに保存する仕組みであると理解しておいてください。

　詳しく説明すると、21行目の意味は、フォームから入力された値（params）をblogsテーブルに保存するとき、「content」という属性を経

由していれば（contentという入力欄に入力があれば）、保存を許可するということです。

　セキュリティの面からユーザーの入力した値がストロングパラメータを通じたものであれば、その値が正当なものであることが担保されるので、安心してデータベースに保存できる仕組みであると理解しておけばよいでしょう。

ストロングパラメータのところが
イマイチ理解しにくいのですが……

今は、データベースへ保存されるデータが
安全であることを保証する仕組みだ、
というくらいの理解でいいと思うよ

Column
「redirect_to」と「render」の違い

　「redirect_to」と「render」の違いは、端的にいってしまえば、コントローラーのアクションが実行されるかどうかです。
　「redirect_to」はコントローラーのアクションが実行され、「render」はコントローラーのアクションが実行されません。この違いから「blogs_controller.rb」のcreateアクションでの「redirect_to」と「render」の使い分けを説明してみましょう。

　createアクションの中のコードを見てみると、ユーザーの入力した値が保存できた場合は「redirect_to」、保存に失敗した場合は

「render」を使っていることが確認できます。

　値の保存ができた場合は「redirect_to blogs_url」でindexアクションが実行され、「blogs/index.html.erb」に遷移します。このとき、データベースにアクセスするので、そのブログ一覧画面には新規に投稿したブログの記事も表示されます。

　このため、ユーザーの入力した値が保存された場合は「redirect_to」が適しています。

　では、入力した値の保存が失敗した場合はどうでしょうか。値の保存が失敗した場合のページの表示先は、再度記事を登録しやすいように「blogs/new.html.erb」が適しています。しかし、保存ができなかった場合はユーザー自身がその誤りを見つけるためにも、何を入力したかを確認させる設計のほうが望ましいといえます。

　このとき、「redirect_to」としてしまうと、newアクションの実行となるので入力した値は表示されません。

　11行目「@blog = Blog.new(blog_params)」で「@blog」に格納された値をそのままにして「blogs/new.html.erb」を表示すれば、入力した値も表示されます。この理由から、入力した値の保存に失敗した場合は「render」を使うのが適しています。　11行目「@blog = Blog.new(blog_params)」で「@blog」に格納された値をそのままにして「blogs/new.html.erb」を表示すれば、入力した値も表示されます。この理由から、入力した値の保存に失敗した場合は「render」を使うのが適しています。

CHAPTER 1

CHAPTER 2

CHAPTER 3

CHAPTER 4

CHAPTER 5

本格的なWebアプリケーションを作成しよう

ルーティングを編集する

　ルーティングを編集する前に、まずサーバーを立ち上げて現状を確認
します。

```
rails s
```

　［Preview］タブから［Preview Running Application］をクリックし、画
面右上の矢印アイコンをクリックします。そして、ブラウザに表示され
たら、アドレスバーのURLの末尾に「blogs」を追記してEnterキーを押
します。すると、図5-4-3のような画面が表示されます。

▼**図5-4-3**

　確認できたら、Ctrl＋「C」でサーバーを停止させます。
　ここで、これまでのようにURLに「/blogs」を追加してブログ一覧画
面に遷移するのではなく、トップページをブログ一覧画面に設定してみ
ます。
　「config/routes.rb」を開いて、次のように記述されているのを確認し
ます。

```
001   Rails.application.routes.draw do
002     get 'blogs', to: 'blogs#index'
003     get 'blogs/new'
004   end
```

そして、トップページへのルートを2行目に追加します。

```
001   Rails.application.routes.draw do
002     root to: "blogs#index"
003     get 'blogs', to: 'blogs#index'
004     get 'blogs/new'
005   end
```

図5-4-4のようになっているかを確認しましょう。

▼図5-4-4

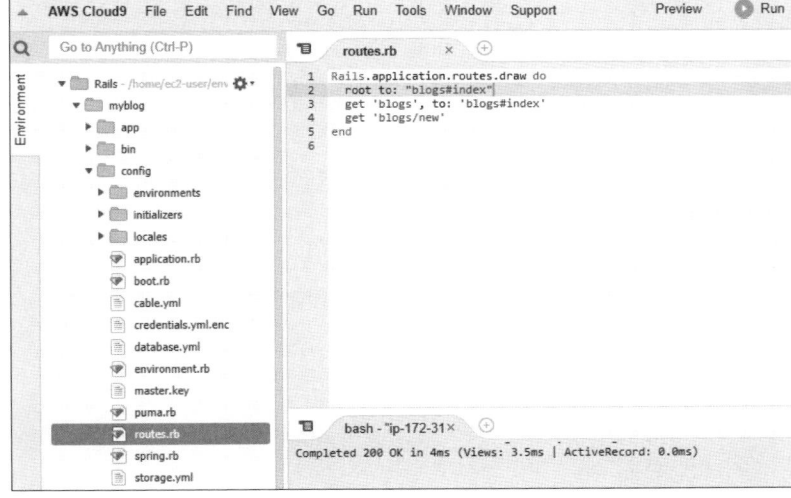

編集できたら、macOSではCommand＋「S」キー、WindowsではCtrl＋「S」キーを押して、保存しておきます。

そして、次のコマンドでルーティングを確認します。

```
rails routes
```

図5-4-5のようになっているかを確認しましょう。

▼図5-4-5

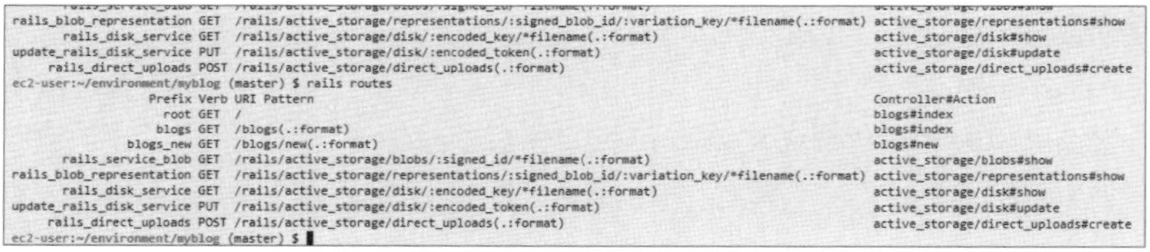

```
rails_blob_representation GET  /rails/active_storage/representations/:signed_blob_id/:variation_key/*filename(.:format) active_storage/representations#show
       rails_disk_service GET  /rails/active_storage/disk/:encoded_key/*filename(.:format)                            active_storage/disk#show
update_rails_disk_service PUT  /rails/active_storage/disk/:encoded_token(.:format)                                     active_storage/disk#update
     rails_direct_uploads POST /rails/active_storage/direct_uploads(.:format)                                          active_storage/direct_uploads#create
ec2-user:~/environment/myblog (master) $ rails routes
                   Prefix Verb URI Pattern                                                                             Controller#Action
                     root GET  /                                                                                       blogs#index
                    blogs GET  /blogs(.:format)                                                                        blogs#index
                blogs_new GET  /blogs/new(.:format)                                                                    blogs#new
       rails_service_blob GET  /rails/active_storage/blobs/:signed_id/*filename(.:format)                              active_storage/blobs#show
rails_blob_representation GET  /rails/active_storage/representations/:signed_blob_id/:variation_key/*filename(.:format) active_storage/representations#show
       rails_disk_service GET  /rails/active_storage/disk/:encoded_key/*filename(.:format)                            active_storage/disk#show
update_rails_disk_service PUT  /rails/active_storage/disk/:encoded_token(.:format)                                     active_storage/disk#update
     rails_direct_uploads POST /rails/active_storage/direct_uploads(.:format)                                          active_storage/direct_uploads#create
ec2-user:~/environment/myblog (master) $
```

ここまでの設定により、最初のページ（トップページ）にアクセスすると、blogsコントローラーのindexアクションにHTTPリクエストが送られるので、トップページはブログ一覧画面になります。

もちろん「/blogs」にアクセスしても、同様にblogsコントローラーのindexアクションにHTTPリクエストが送られるので、結果としては同じ画面が表示されます。

Webサーバーを立ち上げて確認します。以下のコマンドをターミナルで実行します。

```
rails s
```

［Preview］タブから［Preview Running Application］をクリックし、画面右上の矢印アイコンをクリックします。すると、図5-4-6のような画面が表示されます。

▼図5-4-6

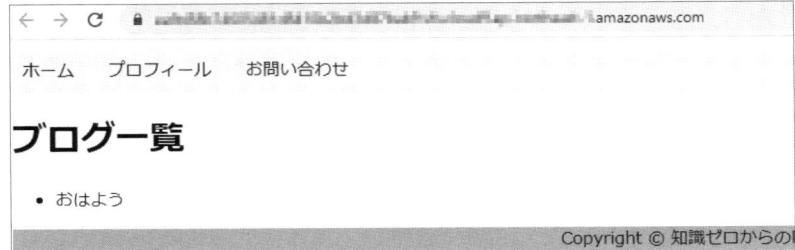

Webサーバーを停止させたいときは、Ctrl＋「C」を押しましょう。

さて、次にブログを投稿するルーティングを設定します。次のように「config.routes.rb」に「post 'blogs', to: 'blogs#create'」を追記します。

```
001   Rails.application.routes.draw do
002     root to: "blogs#index"
003     get 'blogs', to: 'blogs#index'
004     get 'blogs/new'
005     post 'blogs', to: 'blogs#create'
006   end
```

図5-4-7のように表示されます。

▼図5-4-7

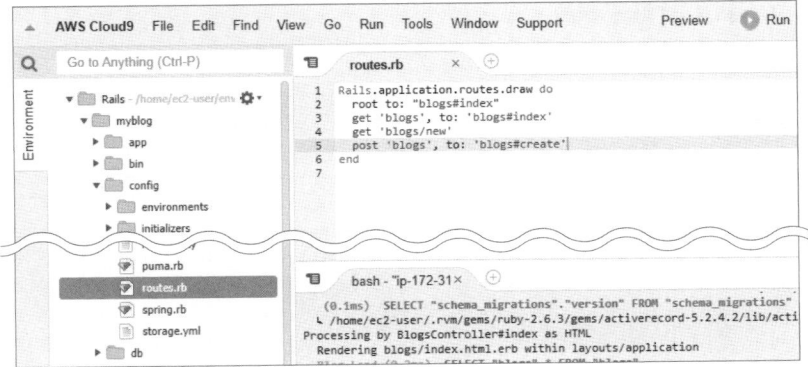

編集できたら、macOSではCommand＋「S」キー、WindowsではCtrl
＋「S」キーを押して、保存しておきます。

　これで、HTTPメソッドが「POST」の場合、blogsコントローラーの
createアクションへHTTPリクエストが送られるので、ユーザーが入力し
た値がデータベースへ保存されます。

　では、入力フォームから記事を入力できるかを確認します。Webサー
バーを立ち上げて確認します。次のコマンドをターミナルで実行します。

```
rails s
```


　[Preview] タブから [Preview Running Application] をクリックし、画
面右上の矢印アイコンをクリックします。ブラウザに表示されたら、ア
ドレスバーのURLの末尾に「blogs/new」を追記してEnterキーを押しま
す。そして、「こんにちは」と入力して [投稿する] ボタンをクリックし
ます（図5-4-8）。

▼図5-4-8

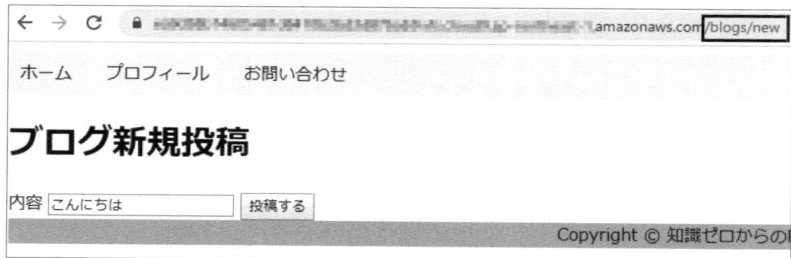

図5-4-9のように、ブログ一覧画面が表示されればOKです。

▼**図5-4-9**

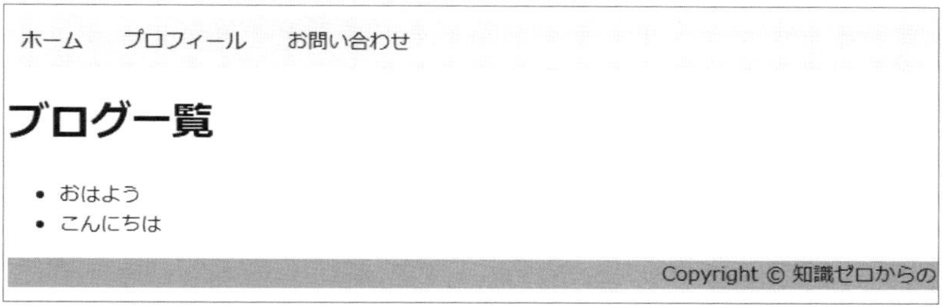

ホーム　プロフィール　お問い合わせ

ブログ一覧

- おはよう
- こんにちは

Copyright © 知識ゼロからの

さらに記事を投稿したい場合は、URLの末尾を「blogs/new」と修正してEnterキーを押し、再度ブログ新規投稿ページに遷移します。図5-4-8と同様に「こんばんは」と「おやすみなさい」もそれぞれ入力して［投稿する］ボタンをクリックすると、図5-4-10のように表示されるはずです。

▼**図5-4-10**

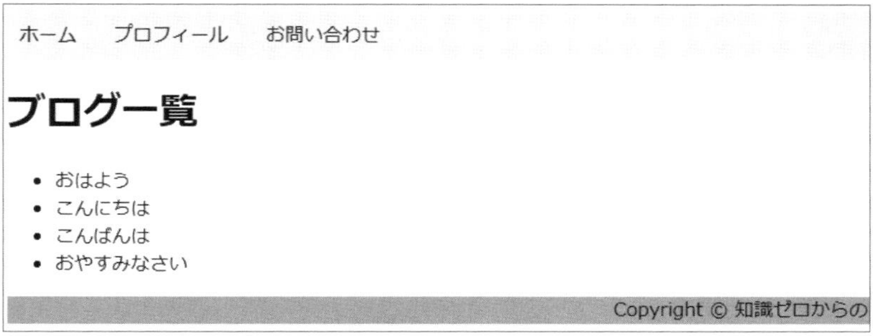

ホーム　プロフィール　お問い合わせ

ブログ一覧

- おはよう
- こんにちは
- こんばんは
- おやすみなさい

Copyright © 知識ゼロからの

では、新規ブログを投稿したときの流れをおさらいしておきます（図5-4-11）。

▼図5-4-11　ブログ投稿の流れ

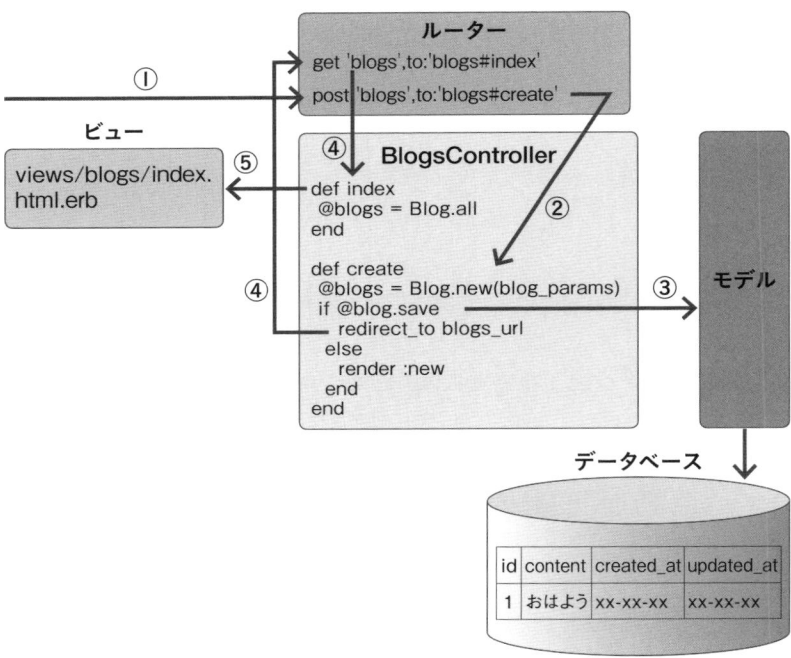

① 「おはよう」と入力して［投稿する］ボタンをクリックする。

② ルーターの「post 'blogs', to: 'blogs#create'」からblogsコントローラーのcreateアクションが実行される。

③ 「おはよう」というデータが、モデルを通じてデータベースに保存される。

④ 保存できたら、「redirect_to blogs_url」でルーターを通じて、blogsコントローラーのindexアクションが実行される。

⑤ 「views/blogs/index.html.erb」がビューとして表示される。

以上の流れをしっかり理解しましょう。

リンクを設定する

このままでは、ブログの新規投稿を行う場合に、その都度URLに「blogs/new」と入力しなければなりません。これでは面倒なので、トップページから新規投稿ページへリンクを設定しましょう。リンクのパスを確認するため、次のコマンドを実行して確認します。

```
rails routes
```

図5-4-12のように表示されるかを確認しましょう。

▼図5-4-12

ビューでのリンクのパス指定は「Prefix_path」とします。すると、「blogs/new」へのリンクパスは「rails routes」コマンドで確認したルーティング一覧から判断すると、「blogs_new_path」になります。

これをトップページであるブログ一覧画面に設定しましょう。「views/blogs/index.html.erb」を次のように修正します。

```
001    <h1>ブログ一覧</h1>
002
003    <ul>
004      <% @blogs.each do |blog| %>
005        <li><%= blog.content %></li>
006      <% end %>
```

```
007    </ul>
008
009    <%= link_to 'ブログ新規投稿', blogs_new_path %>
```

図5-4-13のようになっているかを確認しましょう。

▼**図5-4-13**

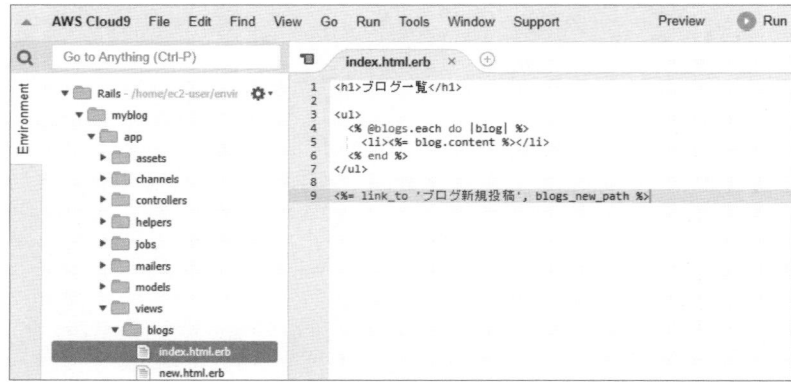

編集できたら、macOSではCommand＋「S」キー、WindowsではCtrl
＋「S」キーを押して、保存しておきます。

また、新規投稿ページからもブログ一覧ページに戻るリンクがあると
便利なので、こちらも「views/blogs/new.html.erb」に追記しておきます。

なお、ブログ一覧ページへのリンクのパス指定は、すでに実行した
「rails routes」コマンドで確認したところによれば（P203参照）、「Prefix」
が「blogs」となっているので「blogs_path」となります。

```
001    <h1>ブログ新規投稿</h1>
002
003    <%= form_with(model: @blog, local: true) do |f| %>
004      <%= f.label :content, '内容' %>
005      <%= f.text_field :content %>
```

006	
007	`<%= f.submit '投稿する' %>`
008	`<% end %>`
009	
010	`<%= link_to 'トップページへ戻る', blogs_path %>`

図5-4-14のようになっているかを確認しましょう。

▼**図5-4-14**

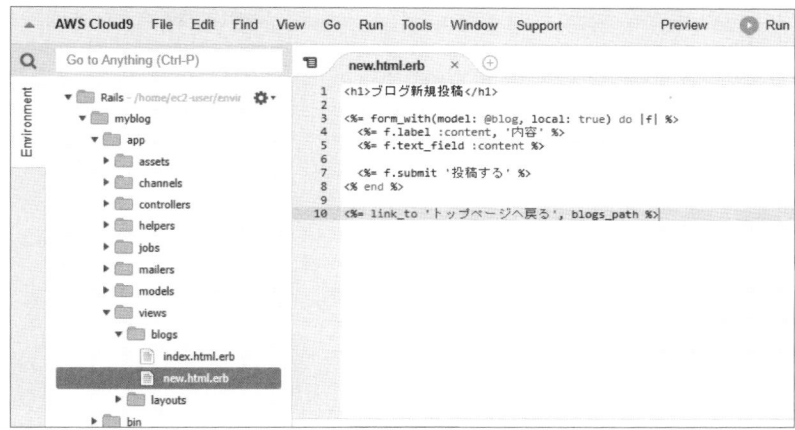

編集できたら、macOSではCommand＋「S」キー、WindowsではCtrl
＋「S」キーを押して、保存しておきます。

では、Webサーバーを立ち上げて確認します。以下のコマンドをター
ミナルで実行します。

```
rails s
```

[Preview] タブから [Preview Running Application] をクリックし、画
面右上の矢印アイコンをクリックします。次のような画面が表示された
ら、先ほど追加した新規投稿ページへのリンクがあることを確認してく
ださい（図5-4-15）。

▼図5-4-15

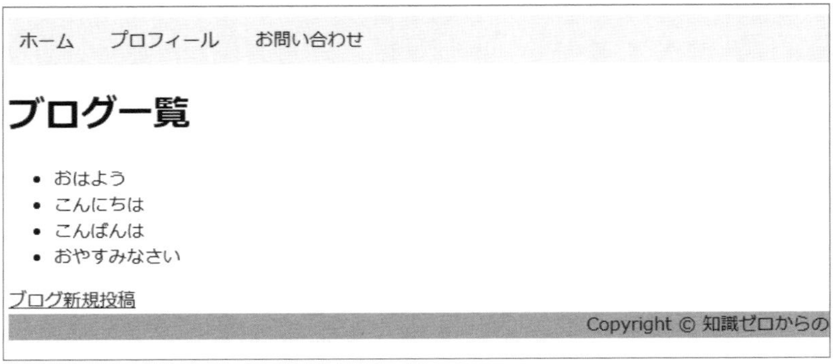

［ブログ新規投稿］というリンクをクリックすると、図5-4-16のように ブログ新規投稿ページが表示されます。

▼図5-4-16

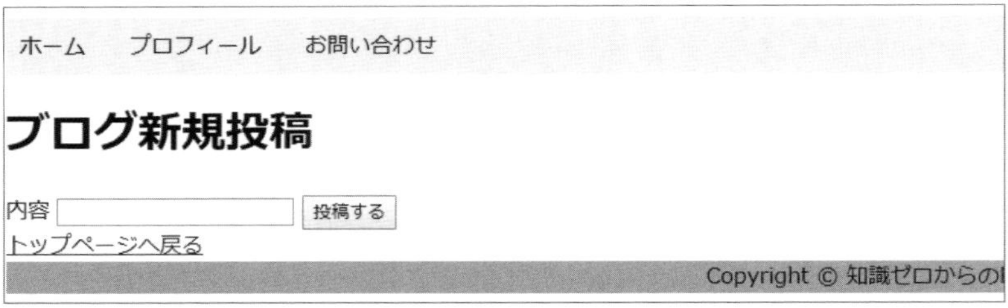

［トップページへ戻る］という、トップページへのリンクが追加されました。クリックしてトップページに遷移することを確認してください。

ここまでで、「データベースに投稿してデータを表示する」という最低限の機能を持った、Ruby on RailsのWebアプリケーションの動作を説明しました。

しかし、これに投稿したブログ記事を編集したり、削除したりする機能も付け加えたいところです。

Ruby on Railsを使えば、まだまだいろいろな実装ができます。もっと学習したい人はほかの書籍を読んだり、プログラミングスクールで学習

したりすることをお薦めします。

　本書での解説はこれで終わります。復習するとしたら、各所に配置した図を参照して、流れをしっかり理解するようにしてください。特に、MVCの図はよく頭に入れておくといいでしょう。

　最後までお付き合いいただき、ありがとうございました。

Column

どちらのパス指定方法を使うべきか

　リンクパスの指定の方法として、「Prefix_url」と「Prefix_path」を本書では紹介しましたが、この2つは絶対パスなのか相対パスなのかという点が異なります。

　本書では「redirect_to」のところでは「Prefix_url」、「link_to」のところでは「Prefix_path」を用いましたが、特にそのような決まりがあるわけではありません。「redirect_to」のところで「Prefix_path」としても大丈夫です。

　絶対パスの場合は「http://～」から始まるURLでリンクを設定します。こちらは「Prefix_url」で記述します。一方、相対パスの場合は、今のいる場所を起点としてリンクを設定します。こちらは「Prefix_path」で記述します。

　傾向としては、「redirect_to」の場合は絶対パス「Prefix_url」、「link_to」の場合は「Prefix_path」を多く用います。

CHAPTER 1
CHAPTER 2
CHAPTER 3
CHAPTER 4
CHAPTER 5
本格的なWebアプリケーションを作成しよう

プログラミング学習者の質問に答える

Q プログラミングはどうすれば覚えられますか？
A 暗記する必要はありません

初学者からの相談で多いのが「なかなか覚えられません」です。

現場で実際にプログラミングの仕事をしているとき、インターネットでリファレンスを見たり、書籍を見たりしながら実装することが多いのです。学校のテストみたいに、「何も見ないで実装しなければならない」などということはありません。

しかし、仕事としてプログラミングをしていると、ある程度のことは覚えてしまいます。これはどんな仕事でも同じでしょう。

プログラミングの仕事で大切なのは暗記することではなくて、できないところは検索するなり書籍を読むなりして、自分自身で調べて解決することだと思っています。ほとんどのことはインターネットで検索すれば解決するものです。

したがって、「暗記する」という視点から、「調べて解決できればいいんだ」という視点へ切り替えて学習を進めると、効率のよい学習ができるのではないでしょうか。

Q 英語が苦手だとプログラミングはできませんか？
A 中学校レベルの英語力で十分です

次に多い相談は、「英語ができないので、調べても何をいっているのか理解できない」というものです。

プログラミングは英語で記述し、エラーの表示も英語なので、も

ちろん英語ができるに越したことはないのですが、プログラミングに関していえば、中学生レベルの英語ができればまったく問題ないと思っています。

なぜなら、インターネットには英語の翻訳サイトがあるからです。そこで英語でのエラーの文言をコピペして日本語に翻訳すれば、だいたいのことは理解できるでしょう。

Q どういうスキルが役に立つのでしょうか？
A 検索力が重要です

ここまでのところで、勘のいい人なら気づくかもしれませんが、プログラミングを行ううえで重要なのは「検索力」です。

検索力を身につけるコツは、何が何でも場当たり的に検索するのではなく、現状の把握と原因を徹底的に追及するという姿勢です。

翻訳サイトなど駆使して、現状の問題点について仮説・推論を立て、いろいろな観点から検索して実装してみます。その結果、プログラムが期待したとおりに動いたのなら、その喜びは何ともいえないものとなるでしょう。

そして、いつの間にか楽しく検索するようになっていれば、検索力はかなり身についているといえます。

CHAPTER 1
CHAPTER 2
CHAPTER 3
CHAPTER 4
CHAPTER 5

本格的なWebアプリケーションを作成しよう

myblogアプリケーションにアクセスしたときのMVCの流れ

① コマンド「rails s」を実行し、サーバーを立ち上げてアクセスする

② ルーターの設定により、最初のページを表示するためにblogs
コントローラーのindexアクションが実行される

③ 「Blog.all」の記述により、Blogモデルへblogsテーブルの全
データの取得を依頼する

④ allメソッドによりSQL文に変換され、データベースからblogsテ
ーブルの全レコードの取得

⑤ モデルが取得したblogsテーブルの全レコードを「@blogs」に格
納する

⑥ 「@blogs」を「blogs/index.html.erb」に渡す

⑦ 「@blogs」のデータをHTMLで表示する

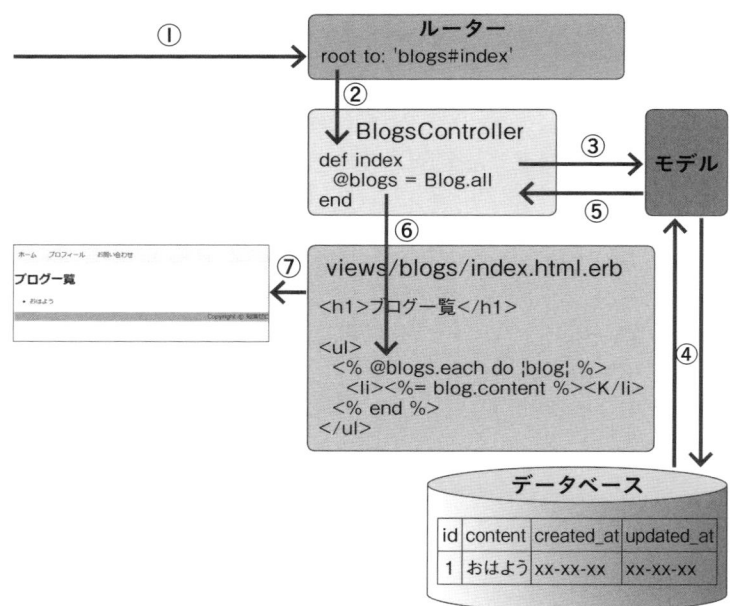

myblogアプリケーションで記事を投稿したときのMVCの流れ

① 新規投稿ページで記事を入力して、「投稿するボタン」を押す

② ルーターの「post 'blogs',to:'blogs#create'」により、blogs
コントローラーのcreateアクションが実行される

③ 「@blog.save」により、データベースへ入力した記事データを
保存する

④ 「redirect_to blogs_url」からルーターの「get 'blogs',to:'blogs
#index'」に処理が流れ、blogsコントローラーのindexアクショ
ンが実行される

⑤ 「Blog.all」でデータベースから取得したデータを「@blogs」へ
格納し、「views/blogs/index.html.erb」で表示する

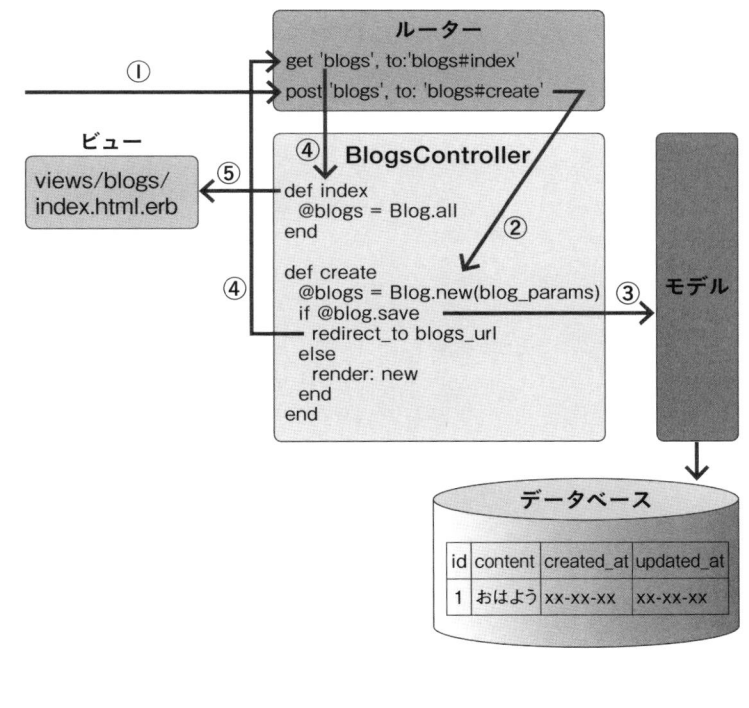

CHAPTER 1
CHAPTER 2
CHAPTER 3
CHAPTER 4
CHAPTER 5
本格的なWebアプリケーションを作成しよう

INDEX

著者プロフィール

町田 耕 (まちだ こう)

妻の勧めで本格的にプログラミングを始めたことをきっかけに、その面白さから一気にIT業界へと進む。2018年、株式会社R scriptを設立し、同代表取締役社長就任。プログラミングスクールのメンターも兼務している。信州オープンビジネスアライアンス（略称SOBA）会員。趣味はFPの資格を有していることから投資や金融・経済の研究、最近は野菜作りにも挑戦している。

● 装丁
　植竹 裕（UeDESIGN）
● カバー写真
　iStock.com / Prostock-Studio
● 本文デザイン
　山田 明加
● 本文DTP
　関谷 和美
● 編集
　クライス・ネッツ
● 本文イラスト
　ひろせ りょうた
● 本書サポートページ
　https://gihyo.jp/book/2020/978-4-297-11500-5
　本書記載の情報の修正・訂正・補定については、当該Webページで行います。

■お問い合わせについて
　本書に関するご質問については、本書に記載されている内容に関するもののみとさせていただきます。本書の内容と関係のないご質問につきましては、一切お答えできませんので、あらかじめご了承ください。また、電話でのご質問は受け付けておりませんので、FAXか書面にて下記までお送りください。

＜問い合わせ先＞
〒162-0846
東京都新宿区市谷左内町21-13
株式会社技術評論社　雑誌編集部
「知識ゼロからのWebアプリ開発入門」係
FAX：03-3513-6173

　なお、ご質問の際には、書名と該当ページ、返信先を明記してくださいますよう、お願いいたします。
　お送りいただいたご質問には、できる限り迅速にお答えできるよう努力いたしておりますが、場合によってはお答えするまでに時間がかかることがあります。また、回答の期日をご指定なさっても、ご希望にお応えできるとは限りません。あらかじめご了承くださいますよう、お願いいたします。

知識ゼロからのWebアプリ開発入門

• •

2020年7月30日　初版　第1刷発行

著　　　者　町田 耕
監 修 者　TechAcademy
発 行 者　片岡 巖
発 行 所　株式会社技術評論社
　　　　　東京都新宿区市谷左内町21-13
　　　　　TEL：03-3513-6150（販売促進部）
　　　　　TEL：03-3513-6177（雑誌編集部）
印刷／製本　港北出版印刷株式会社